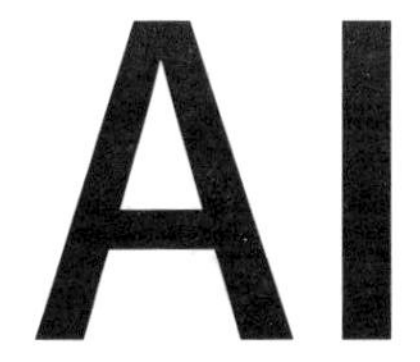

Real World AI
A Practical Guide
for Responsible
Machine Learning

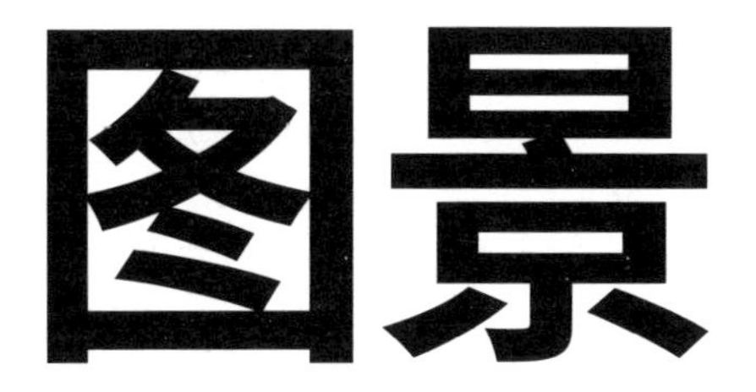

# AI图景

Sora 时代的人工智能应用


[美] 阿莉莎 · 辛普森 · 罗赫韦格
Alyssa Simpson Rochwerger

[美] 逄 伟
Wilson Pang

著

葛晟嘉

译



中国科学技术出版社

· 北 京 ·

**图书在版编目（CIP）数据**

AI 图景：Sora 时代的人工智能应用 /（美）阿莉莎·辛普森·罗赫韦格（Alyssa Simpson Rochwerger），（美）逄伟（Wilson Pang）著；葛晟嘉译．— 北京：中国科学技术出版社，2024.6

书名原文：Real World AI: A Practical Guide for Responsible Machine Learning

ISBN 978-7-5236-0570-7

Ⅰ．① A… Ⅱ．①阿… ②逄… ③葛… Ⅲ．①人工智能 Ⅳ．① TP18

中国国家版本馆 CIP 数据核字（2024）第 056520 号

| | | | |
|---|---|---|---|
| **策划编辑** | 杜凡如　李　卫 | **责任编辑** | 高雪静 |
| **封面设计** | 东合社 | **版式设计** | 蚂蚁设计 |
| **责任校对** | 邓雪梅 | **责任印制** | 李晓霖 |

| | |
|---|---|
| **出　　版** | 中国科学技术出版社 |
| **发　　行** | 中国科学技术出版社有限公司 |
| **地　　址** | 北京市海淀区中关村南大街 16 号 |
| **邮　　编** | 100081 |
| **发行电话** | 010-62173865 |
| **传　　真** | 010-62173081 |
| **网　　址** | http://www.cspbooks.com.cn |

| | |
|---|---|
| **开　　本** | 880mm × 1230mm　1/32 |
| **字　　数** | 119 千字 |
| **印　　张** | 6.25 |
| **版　　次** | 2024 年 6 月第 1 版 |
| **印　　次** | 2024 年 6 月第 1 次印刷 |
| **印　　刷** | 大厂回族自治县彩虹印刷有限公司 |
| **书　　号** | ISBN 978-7-5236-0570-7 / TP · 477 |
| **定　　价** | 68.00 元 |

# 序言

## 阿莉莎

2015年年末，我的职位是国际商业机器公司（以下简称IBM）新成立的计算机视觉团队的一名产品经理，离我们推出团队第一个面向客户的产品只剩下几天了。几个月来，我们一直致力于创建一种商用视觉识别应用程序编程接口（以下简称API），其精度是现有模型的两倍以上。IBM曾对API扩展后取得可观的收益来源寄予厚望。到目前为止，我们最大的关注点是根据团队长年累月编译的数千万张图片与标签的训练数据子集，来提高模型中的F1分数（F1分数是一种标准的学术性精确度分级系统）。

该API会对输入的图像贴上描述性标签。例如，你给它输入棕色猫的图像，它会返回一组标签，其中包括“猫”、“棕色”和“动物”。企业能把它用在所有应用程序上——通过抓取用户在社交媒体发布的图片来建立用户偏好档案，达到广告目的，或是改善客户体验。在过去几个月，我们把超过一亿份各种来源的图片和标签用作训练数据来训练测试这个系统，我们已经成功地大幅度提高了 F1 分数。基于此，我把我和妹妹参加婚礼的照片输入进去，立马就得到反馈标签“伴娘”，这令我印象非常深刻。

现在，IBM 所有的释放清单都已经准备完善，并且距离计划的产品发布日期就只差几天了，我却碰上了一个意想不到的问题。

那天早晨，我收到了一条来自我们研究人员的消息。这是一条令人心碎的消息，它很简单却也紧迫：我们不能发布这款产品。当我问他为什么的时候，他发给了我一张坐在轮椅上的人的照片。那么反馈的标签是什么呢？

失败者。

太糟糕了。IBM 有着上百年历史的包容性与多样性。因此，除了客观上的结果太糟糕外，这个输出显然无法正确地反映出 IBM 的价值观。当我们一直专注于提高系统准确度的时候，哪类无意但有害的偏见会被我们不小心带入了系统呢？

我立刻拉响了警报，通知了我的老板们，停止发布这款产品。我们的团队又开始工作了。除了修复模型，我们还有两个主要问题需要回答：为什么会发生这样的事？我们怎样做才能确保它不再发生？

## 责任，不仅只是精确度

2015 年 10 月，我被 IBM 聘为沃森（Watson）部门迅速成长的计算机视觉团队的第一个产品经理。你大概能想起沃森就是在 2011 年的《危险边缘》（Jeopardy）游戏比赛中击败了肯·詹宁斯（Ken Jennings）和布拉德·拉特（Brad Rutter）的超级计算机。除了摘得一百万美元的头奖，它还向世界公开展示了如何用机器学习系统来解决自然与人类语言提出的问题。四年后，当我加入沃森团队时，IBM 正在尝试将该系统扩展到对音频与视频信息的处理，并希望以此产生比游戏节目奖金更稳定的收益。

我的任务是为计算机视觉技术创建一份战略路线图，把这个主要在学术上的追求变成一项真正的业务。当时，IBM 沃森部门已经创建了几个不同的计算机视觉产品的测试版，但没有一个是赚钱的，也没有一个被规模化使用。在 IBM，计算机视觉技术还有一些其他的用途，比如说历史悠久的光学字符识别（Optical Character Recognition，简称 OCR）。自 1975 年以来，位于纽约城的美国邮政管理局（USPS）一直使用 IBM 的高级光学字符阅读器。但是现在，IBM 的客户们要求更多样化的功能，以解决一系列的现代业务需求。

同时，在这个由少数工程师和研究人员组成的团队中，有一部分人已经在计算机视觉领域有着二十余年的专业经验。

他们在探讨是通过不同的算法还是通过模型方法来提高机器学习模型的准确性。我仍旧在努力赶上人工智能（以下简称AI）基础知识的进度。我完全是一个新手。

我问的问题暴露了我在这个领域有多么菜鸟。我问："在尝试了一个新的方法后，你怎么才能知道你的结果比上一个更准确呢？"

没人能给我一个直截了当的答案。我不确定这是不是因为自己在机器学习方面缺乏大量的经验，毕竟，我所在的地方满是经验丰富、才华横溢的人，相比之下，我对这个话题却基本上一无所知。尽管如此，我还得向客户解释为什么新系统更好、更准确。我执着地想要得到一个我能理解的答案。经过几周的讨论并参加了一个关于机器学习系统是如何工作的和训练数据是什么的速成班后，我们找到了一个大家都能理解的答案：当系统的 F1 分数提高时，你就能知道系统变得更加准确了。

所以，这就是我们聚焦的关注点。我们的目标是创建一个精确的系统。我们做到了。然而，我们却忽略了是不是在训练数据时意外地把偏好设置了进去。当轮椅图像反馈回来灾难性的标签时，很明显我们在某个地方犯了错误。

作为一个机器学习领域的新手，我没有完全理解我们必须做什么才能避免这样的结果。更糟糕的是，整个团队包括我，没有人完全明白在我们用来训练模型的一亿张数据图像里面到底出了什么问题。现在回想起来，那是一个巨大的疏忽，一个很大的错误。

为了修复这个问题，团队齐心协力，对数万张潜在标签进行了分配，逐一仔细检查。我们从一个巨大的资料库里拉出一组图片，用来测试反馈标签，并用我们人类的判断标准去确定这些结果在业务环境中是否恰当。在花费了大量计划外的时间和精力之后，我们发现了十几个不符合我们团队观点的额外标签，当然，它们也不符合 IBM 想要展现的公众形象。通过移除那些数据并重新完整地训练系统，这才修复了问题。整个过程费时费力，但几个星期后，我们终于想方设法地做到了清除那些令人讨厌的标签。我们在确信系统不包含任何攻击性标签后，才继续发布这款产品。

回想起来，我很幸运，自己能有足够的资源来解决那个问题。我和一个非常正直、充满智慧且才华横溢的团队在一个能提供大量支持的公司里一同工作。当我们在手动去除那些讨厌的标签时，我们的竞争对手包括微软（Microsoft）和谷歌（Google），它们的机器学习模型的一些不当输出导致了意外的种族主义事件。IBM 避免了这一灾难时刻，并设法发布了未发现问题的系统。尽管我们花费了大量的时间和精力，但还是在最后一刻解决了这个问题。然而，如果没有一个强大的系统来积极地预防同样的问题，它必然还会再次发生。

## 解决正确的问题

好消息是，我们侥幸避免了灾难，而坏消息是该产品并不成功。

在发布之初，该 API 并没有带来明显的经济收益。我们从客户那里得到的反馈是它根本不够准确，我们的客户无法使用它来有目的地推动业务。这引发了我在 AI 职业生涯上的第二个重要的“啊哈”时刻[1]。当我深入研究客户的问题，并花了一些时间和客户待在一起后，我才意识到，尽管我们把时间和精力都投入到了确保系统总体的准确性上，但它对于我们客户试图解决的范围更狭小的问题仍然不够准确。大多数情况下，他们想要一些非常具体的东西。在一个例子中，一家鸡肉制造企业想要用固定在生产线上的摄像头来区分鸡胸肉和鸡腿肉。当他们导入了鸡肉包装袋的照片后，返回来的“鸡肉”或“食物”的标签并没有对此进行区分。在另一个例子中，一家冰激凌厂想要知道其新产品的标签是否出现在一组社交媒体图片中——“冰激凌”虽然是正确的标签，但太宽泛了。

最后，我们把产品重组成一个可以被训练的系统，它能为每个客户订制专属的业务数据。它能为鸡肉制造商区分鸡

[1] “aha” Moment，意为眼前一亮。——译者注

胸肉和鸡腿肉，也能为冰激凌厂家根据具体标准对图像进行分类。IBM 花费了六个月的时间和资源在这个新的 API 上，在第二次发布后，它取得了显著的成功，因为新的 API 迅速带来了可观的收入。客户只要输入少量精心策划好的数据，在几分钟内就能训练出一个模型来满足他们的需求。现在，它是强大的、有价值的创新产品了！

我在 IBM 的团队面临的问题是想办法推出能带来利润增长且可调整规模的视觉识别 AI。这些问题不是 IBM 一家独有的，其他公司或是产品也会遇到。事实上，它们在试图创建和扩大 AI 解决方案的企业中再典型不过了。在主流公司的 AI 试点中，只有 20% 的企业的 AI 能够投入生产，其余的大部分 AI 都没有办法为客户提供最好的服务。在一些情况下，这是因为开发人员试图解决的问题是错误的；另一些情况则是因为他们没有考虑到所有的变量或者潜在的偏见，而这两样对一个模型的成败来说至关重要。

## 逄伟

我非常幸运，亲身经历了能够使用负责任的 AI 解决问题，并且还促进了公司业务的大幅度增长。但同时，我的职业生涯也经历了像阿莉莎那样的巨大挫折和挑战。

2006 年，我加入了易贝（eBay）公司。2009 年的时候，公司的情况非常糟糕。它的股价处于历史低位——远远低于每股 24 美元的历史水平，它在削减成本，增长是负数的，市场份额也在缩小，技术团队毫无创新能力。简单来说，公司陷入了严重的困境中。

随后它扭转了这一局面，这在很大程度上得归功于对技术的投资。它也带来了新观点：一个新首席执行官、首席技术官以及几位技术主管带来的新观点。在这样做的过程中，易贝公司开始让工程师团队成为一个思想发电站，并把他们打造成和其他部门关系平等的合作伙伴。公司开始利用技术、数据和 AI 来拉动业务。我很幸运地加入公司，并建立了搜索科学团队。这是最早利用机器学习系统来优化买家经验，并帮助他们在易贝公司网站上找到自己想要的东西的团队之一。我们专注于增加每一个对话框的购买量，即增加买家在一次购物会话中购买商品的平均数量。带着这一目标，我们的 AI 模型强调在浏览（一件商品被浏览了多少次）过程中的销售（一件商品售出了多少次），那些价值不高的商品会被排在其他商品的前面。

我们的团队有大量的数据，可以轻松地对新模型进行 A/B 测试，从而学习它们是如何工作的。我们有幸几乎是在第一时间就看到了测试结果。

## 我们团队的枪膛已经上好了子弹

我们尝试了不同的机器学习模型——重写买家查询的模型、生成被用于排序特征的模型，以及对最终搜索结果进行排序的模型。然后，我们进行了一系列的 A/B 测试去评估模型结果，最后取得了很大的成功。许多模型都使买家的转化率提高了。其他的团队也被这些结果所鼓舞，并开始努力提高顾客们的单次购买量。

一切看起来都很美好，直到财务团队发现那些 A/B 测试成功的模型并没有转化为业务增长。

AI 在搜索科学领域中的首次尝试失败了，我们的团队被拉去一个作战室了解原因，我们需要一个能够快速解决问题的方案。我们在公司承受不起损失的时候，令公司蒙受了损失。

我们对不同的搜索结果进行了深入挖掘，发现了一个有趣的现象：很多时候，我们把配件排到了最前头。比如说，在买家搜索苹果手机（iPhone）的时候，许多苹果的手机壳排到了最前面。尽管在网站上这些配件确实非常受欢迎，但它们不是客户想要搜索的，所以，这就造成了我们所说的“配件污染”，导致了糟糕的用户体验。

啊哈！我们已经弄清楚了收入下降的原因：一个 10 美元的苹果手机壳显然比 300 美元的苹果手机的收益要少得多。

当我们的模型应该推荐价格更高的手机时，它却在推荐便宜的配件。

## 选择正确的衡量方法

成功，在很多时候取决于你选择用什么来衡量。

当我们开始旅程时，技术团队把不同的目标统一到了相同的单一目标上——专注于提高销售额。易贝是一个极度以客户选择为中心的公司，你的唯一目标是卖得更多——那正是买家和卖家都想要的，也是我们被聘来最终要做的工作。

经过许多轮的讨论，我们开始使用每次购买量来衡量 AI 模型是否成功。我们的 AI 模型成功地实现了目标，但是它却造成了一个糟糕的客户体验，同时也没有实现业务增长。我们需要用不同的 AI 模型来找出新的解决方案，更重要的是，找到一个衡量 AI 模型是否成功的新方法。很明显，“每次购买量”在我们的 AI 模型和团队中造成了错误的动机。教训是显而易见的：谨慎选择正确的衡量方法，因为衡量方法会指引 AI 的方向。

## 数据与机器学习系统的力量

后来，我们把与价格相关的信息也纳入了模型中，这就解决了“配件污染”的问题。更重要的是，我们把衡量方法从每次购买量改为每次购买商品交易总额（GMV）。

当我们的团队向整个公司展示了机器学习系统和数据能有多么强大后，更多的团队开始利用AI来实现业务增长。最终，这对销售产生了巨大的影响，并帮助工程师们在公司里实现了转型。2012年，易贝公司的股价上涨了65%，公司得以在商业上实现了1750亿美元的销售额——约占全球电子商务的19%，同时占全球零售市场近2%的份额。

易贝公司进军机器学习领域得益于海量数据库的帮助，公司能够使用那些数据来训练和快速拓展AI解决方案。这不是每个公司都能这么决策的，也不是每个公司都能有用于创建AI解决方案的资源和基础设施。然而今天，一旦错过AI这艘船就意味着你会在行业中失去竞争优势。解决AI问题让人感觉势不可当，并且技术含量也很高。若不淘汰洗牌，你怎么能跑赢市场？你又怎么保证你的AI开发是负责任且影响积极的呢？

幸运的是，成功的机器学习系统与负责任且基于道德规范的机器学习系统源于同样的过程。推出负责任、成功的AI产品不一定很难。我们写这本书是为了帮助所有想要推出世界级AI产品的组织，降低它们在开发过程中的风险。

在接下来的章节中，你将了解到如何启动大规模且负责任的AI产品路线图。阿莉莎会和我一起结合成功的实践案例，告诉你如何决定要解决什么问题，数据为什么重要，如何使用它，如何扩大规模，如何考虑在每一层的开发、执行和维护上的安全性与道德性。

## 我们是谁

也许，我不太像是一个 AI 领域的领军人物。我是一名文化和摄影方面的学生，拿的是美国研究的文学学士学位。我是以这样一个身份进入 AI 领域的。我是诵读困难症者，没法用拼写来拯救我的生命，在编码方面也是相当无用，我只能造成一些损失，却不能创造任何实际有用的东西。早在 2015 年，在我被聘用到 IBM 沃森部门的几个月前，我在一次从伦敦到旧金山的出差返程途中，很意外地坐在了一位成功人士的旁边。我一整周都和 IBM 的客户们在几个欧洲城市里开会，那时候我非常渴望回到家里。在大西洋上空的某个地方，我和她聊了起来。我们聊了技术、职业道路、管理和生活。当我问她对我下一步的职业规划有什么建议的时候，她给了我一个指导原则，从那以后，她的话就一直萦绕在我心里。

“去解决困难的问题吧，”她说道，“其他的一切自然就会解决了。”

我采纳了她的建议，开始和任何一个我能得到建议的人展开了一系列的讨论。我一直在寻找能引起我共鸣的难题，以及一个能把我的激情、技能和职业抱负结合起来的具体机会。但不幸的是，很少有工作机会能够属于“难题”类别。很多导师和顾问都慷慨地向我提出各种职业建议，鼓励我努力一把，获取更多的经验，或是在传统领域中找些有声望的头衔，又或是找份收入丰厚的工作。我觉着自己在制造各种理由来拒绝总监的头衔以及丰厚的股票期权，或是成为备受追捧、令人兴奋的创业公司的领导机会。我始终认为我要有一个非常值得敬重和钦佩的团队和同事，我想做的并不只是优化底线。我想在一个能够解决非常“困难的问题”的团队里。我怎样才能把我的努力引到让世界变得更美好的方向上呢？

最终，我加入 IBM 沃森团队，实现了我的想法。现在，这里有一个棘手的问题，而这个棘手的问题正是我所关心的。机器学习是一个相对较新的高潜力商业领域，所以我能在一开始就帮你塑造好一个全新的市场。

我在沃森团队的第一个位置打开了我的旅程，现在我依旧在旅程中。作为在 IBM、澳鹏（Appen）以及现在的加州蓝盾保险公司（Blue Shield of California）的产品管理负责人，我始终专注于用数据和机器学习技术来解决困难的问题。伴随着 AI 技术的发展，这是一项非常有意义的工作，就更不用说它的价值性了。在这个过程中，我特别关注负责任的 AI 发展。为了避免结果有害和不必要的偏见，组织的情感性是至关重要的，它们贯穿于整个模型的构建和优化过程，使人们能非常谨慎有序地处理数据。负责任的 AI 不仅对世界更好，也让业务成果更有意义。

## 逄伟

我的职业生涯开始于 IBM，当时，我是一名为银行、电信运营商和证券交易公司构建大系统的开发人员。我为软件的强大而感到十分兴奋。作为一名开发人员，当你编写软件的时候就像是在构建一个自己的世界，你有一定程度的控制能力和代理能力，这在其他的职业中几乎是很难找到的。

五年之后，我离开 IBM 加入了易贝公司，继续专注构建易贝公司的账单和支付系统程序。然后，我得到了一个机会，可以加入和建立易贝公司的搜索科学团队，利用机器学习系统和数据来扭转苦苦挣扎的业务局面。一开始，我犹豫自己是否要把职业生涯转向一个看似全新的领域。我的导师是一位伟大的科技领袖，他创建了必应[1]的图像和视频搜索团队，并且领导了易贝公司的大转变，他说服了我去迎接新的挑战。

这是我职业生涯的转折点。接下来的两年里，我把所有

---

[1] 必应（Bing）是微软公司于 2009 年推出的一款搜索引擎服务。——编者注

工作以外的时间都放在了建立机器学习系统的知识上，并收集统计的数据。那是一个紧张的时期，但我见识到了机器学习系统的力量，了解了它是如何帮助改变企业的。在深入搜索科学领域并在垂直领域取得了巨大成功后，我得到了领导一个水平数据服务和解决方案团队的机会，这样一来，我就可以把数据导向的决策带到公司的各个团队了。

我还建立了一个零售科学团队和数据实验室来检测库存的趋势与季节性，帮助卖家决定他们的产品价格，为买家找到感兴趣的商品。

在易贝公司工作了十一年半后，我加入了携程旅行网，担任它的首席数据官。我的团队使用数据和机器学习系统来优化旅行体验。我们通过搜索、推荐和客户关系管理，大幅度提升了业绩。我们通过 AI 的运用和客户管理，大幅度降低了成本，大大提升了内部效率，也为整个公司建立了数据基础。我们正在用 AI 和数据来改变旅游产业。

与此同时，越来越多的行业开始拥抱 AI 并采用机器学习系统的解决方案。当我看到人们面对新的挑战，让 AI 在现实世界中工作的时候，我意识到我可以帮助企业加快 AI 进程。这促使我加入澳鹏并担任了其首席技术官。澳鹏是 AI 数据领域中的行业领袖。我们的任务是创造运行更快的海量优质训练数据，为 AI 践行者解决缺乏优质训练数据这一最大难题。我们与各种类型领域的公司合作，帮助它们自信地部署 AI。

在澳鹏，我们过去两年的试生产平均部署率为 67%，远高于行业平均的 20%。从一开始创建机器学习系统的时候就建立 AI 的责任性与良好的数据管理，从长远来看，其适应性会更强且更成功。

## 你将在这本书中学到什么

AI 代表了技术的巨大改变，就像电或是网络一样具有革命性。机器学习技术会重塑商业领域的一切。十年前，几乎很难找到一家有社交策略的餐馆，而现在，你很难找到一家不采用社交策略的餐馆。我猜，不出几年，人们就很难找到一家没有 AI 策略的公司。今天，不致力于发展 AI 战略的公司就像 2002 年时那些没有推行网络或是 2008 年没有推行移动战略的公司那样无法成功。如果你想在市场上有竞争力，那么很显然你需要 AI 战略。

我们理解这种感觉会令人不知所措，因为我们都经历过。这就是我们写这本书的原因：说明如何揭开 AI 的神秘面纱并开始提供一个行动计划。我们借鉴利用了大量的各行业调研成果，采访了在初创公司和大公司中的数十位机器学习系统的从业人员，以及利用了在我们自己现实世界里的经验，我们能帮助你设计一个为你自已业务服务的 AI 系统并且使其保持灵活性，适应不断变化的环境。我们不会教你如何成为一个数据科学家，或者选择一个 AI 模型，你应该聘用一个专家来帮忙。我们要做的是帮助你理解哪一条是通往成功战略的最佳途径，作为一个企业领导人或是决策人如何有意义地参与进去，并为成功设定一条道路。

这本书也向业务线从业者（比如产品经理）和技术方面的团队成员（如工程师与数据科学家）提供一个通用语言的起点。我们的目标是去除团队之间的沟通隔阂，使业务专家和首席高管同技术执行者进行有效对话。

通向负责任的 AI 之道并非一路坦途，但你在这本书里会得到很好的实践帮助，你成功的概率会大得多。在你的业务中使用机器学习系统能降低成本，提高业绩，这不是什么难以做到的事情；相反，这是非常容易实现的。这对任何组织而言都是很好的推动力，因为它有趣而且能产生很大的影响。它所需要的是一个跨职能的团队和创新精神，你会看到几十个公司是怎么把它做得很好的。

关键是从小处着手，始终如一。从那一刻开始，AI 会比你想象的更加触手可及。

# 目录

# 第一章

# AI的基本原理与它的缺陷

AI是一门科学工程，它让计算机按照迄今为止的人类智能要求来运行。

**——前卡内基梅隆大学计算机科学院院长**

**安德鲁·摩尔**

（Andrew Moore）

2019年8月，苹果公司（Apple）与高盛投资公司（Goldman Sachs）在联合推出备受期待的新产品“苹果信用卡”后，一直在为一个早前没有预料到的问题寻找解决方案。

这张兼具超强安全性与颜值的苹果信用卡很快就收到了大量的申请，截止到2019年11月，高盛投资公司在其日常管理报告中称，它们已经发放了100亿美元的信贷。[1] 尽管早期申领苹果信用卡的消费者爆棚，但很快就出现了一个问题：苹果信用卡在审批流程中给予女性的信用额度要小于男性。

[1] 谢夫林·罗说道：“如果蒂姆·库克不告诉世界苹果信用卡怎么样了，我会告诉大家。”——作者注

贝斯卡（BaseCamp）公司联合创始人戴维·海涅迈尔·汉森（David Heinemeier Hansson）发布了一系列推文，这些推文被迅速传播。他在推文中称，苹果信用卡批准给他的信用额度是他妻子的20倍，哪怕他们夫妻是联合纳税申报，而且妻子的信用评分比他更高。

苹果公司联合创始人史蒂夫·沃兹尼亚克（Steve Wozniak）震惊地回复道："这事也发生在了我和我的妻子身上，我比妻子的信用额度高了10倍。我们并没有各自独立的银行卡或者信用卡账户，甚至没有任何分开的资产。"

一开始的时候，苹果公司没人能解释审批算法程序是怎样做出这样的分析的。高盛投资公司则称在审批流程中，没有设置任何性别偏好，审批算法在发放信用卡前都是经过第三方审核的，在审批程序中甚至都不用输入性别，所以出来的结果怎么会有性别偏见呢？

汉森反驳道："高盛和苹果把信用评估交给了一个盲盒。它没有以性别歧视为目的，却输出了带有性别歧视的结果。"

2019年11月，《连线》杂志[1]对这种情况进行了分析：[2]

---

[1] 美国科技类月刊。——译者注

[2] 威尔在康泰纳仕集团的《连线》杂志上称："苹果信用卡不明白'性别'，那就是问题。"——作者注

在使用性别盲算的时候，只要它抓取的输入信息或输入信息碰巧与性别有关，那么最终结果就可能会对女性产生偏见。大量的研究展示了这样的“代理”在不同的算法中是如何导致不必要的偏见的……其他的变量，比如家庭住址能代表种族。类似的，个人店铺也可能会和他们的性别信息相关。

为了避免在应用程序中出现偏见，苹果信用卡的建模人员在程序中省略了性别信息的输入，但他们碰巧又建立了那些自己试图规避的偏好设置。如果输入了性别，从模型中就能测试出男女被区别对待了。那么，没有输入“性别”这样的重要信息，“性别盲点”模式就真的盲了。人们对于一个明显带有偏见的结果，却没有办法搞清楚究竟发生了什么事。

除了说明对任何 AI 模型进行稳定性测试和监控的必要性之外，这个例子也说明了负责任 AI 的一个基本事实：很难做到。即使是世界上最大的公司，它所拥有的资源可能也会遇到巨大的挑战。所以，倘若你觉得你的公司正在努力理解如何不冒太多风险就能进入 AI 领域的话，你并不孤单。就像你能在接下来的章节中看到的那样，不仅是苹果公司，还有谷歌（Google）、沃尔玛（Walmart）、特斯拉（Tesla）、微软（Microsoft）以及其他数十家这样的大公司都在不断地面对挑战。

作为一名业务专家，而不是数据科学家，在构建任何 AI 模型的时候，你会在辨别输入数据的重要性和决定实现商业目标的信心水平上起到很大作用。数据科学家有责任提出正确的问题。如果模型试图解释一些对业务并不重要的变量，准确性就会受到影响，那么你就可以做出忽略该变量的业务决定来推进整件事。负责任的 AI 不仅仅对你的业务有好处，它对社会也有好处。但 AI 是一个足够复杂的领域，在能构建和部署负责任的 AI 前，你首先要了解它的基础知识。让我们从简单的 AI 基础知识讲起。

## AI 是如何工作的

当人们被问及什么是 AI 的时候，最普遍的回答是“机器人”。很多人没有意识到他们可能每天都会与 AI 进行互动。

当你工作出差的时候，你对着收据拍照报销，一个在电脑视觉系统中的机器学习系统会从照片中抓取信息并进行处理。

当你拨打支持热线或者语音自动导航系统的时候，基于语音识别技术的机器学习系统会把你的话进行翻译并转换成行动。

当你用手机浏览照片墙软件（Instagram）的时候，搜索相关信息的机器学习系统会向你推送个性化的内容。当你发帖的时候，另一个机器学习系统会分析你发布的内容并决定如何把它呈现给你的朋友们。

当你用手机上传一张支票照片的时候，钱会神奇地出现在你的银行账户里。这看上去像是魔法，但在现实中，一系列复杂的机器学习程序让上述的事真实地发生了：首先，计算机视觉系统会对图像进行分析并将文字转化成数字。随后，欺诈检测系统会评估你的会话窗口是否存在弄虚作假行为，并做出决定是否允许银行把钱打到你的账户上。一旦这些检查关卡顺利通过，那么钱就存进去了。

还有，每次你和苹果、谷歌、亚马逊公司的语音助手聊天的时候，机器学习语音识别系统正在或多或少地解读你说的话。

所有这些都是简单的，通常是无缝交互。很多时候，你甚至没有意识到自己正在使用基于 AI 开发的系统，而它不需要你明白背后的具体细节就已经在工作了。它们通常被设计成被动与你互动的模式，理解你给出的信息，并建议或引导你走向你想要的结果。AI 不仅是一个系统，它更是一个不断发展的集合技术。AI 的定义随着技术的发展而不断变化，现代 AI 的历史比人们想象的要更早，古典哲学家就已经在用符号来描述人类的思维并尝试想象人类智慧的模型。

通常我们所说的 AI，是 1956 年在达特茅斯大学（Dartmouth Colleague）会议中建立的一个正式研究领域。在那里，“人工智能”（artificial intelligence）一词被创造出来。这个领域经过了多次盛宴与饥荒，挨过了两个“AI 的凛冬”——20 世纪 70 年代早期以及 20 世纪 90 年代早期，AI 研究在 20 世纪 90 年代后期再次腾飞。从那以后，我们已经看到一台计算机打败了世界上最伟大的象棋大师，并在《危险边缘》游戏比赛中获得了冠军。2021 年，我们数百万人会用自然语言向我们的家居或是手腕上的穿戴设备来问询天气、方位或是烹饪指导。设备会礼貌地回答——只是有些时候会不正确。

AI 在广义上是指机器去执行原本需要人类智能执行的功能。机器学习系统是 AI 的一个子集，专门描述在某些方面不被明确编程的情况下，在某方面做得更好的算法，这些算法可以从输入的数据中进行学习（就像苹果信用卡批准算法）。深度学习系统则代表了最复杂的 AI 系统，通常采用模仿人类大脑基本架构的人工神经网络的形式。深度学习系统可以完成复杂的任务，比如在酒店查看客人上传的一张照片，它会识别照片上的多个元素，并对这些元素进行分类，再推给其他的客人供他们使用，例如食物、位置、天气等（图 1–1）。

AI 通常被简单地理解成一个黑盒子。东西从一头进去，魔法从另一头出来。这种“黑盒子”思维只对了一部分——这个盒子本身并不是不透明的。通常，人们说的“黑盒子”是指模型或是算法，这些都是在一些有限的数据集里训练的。

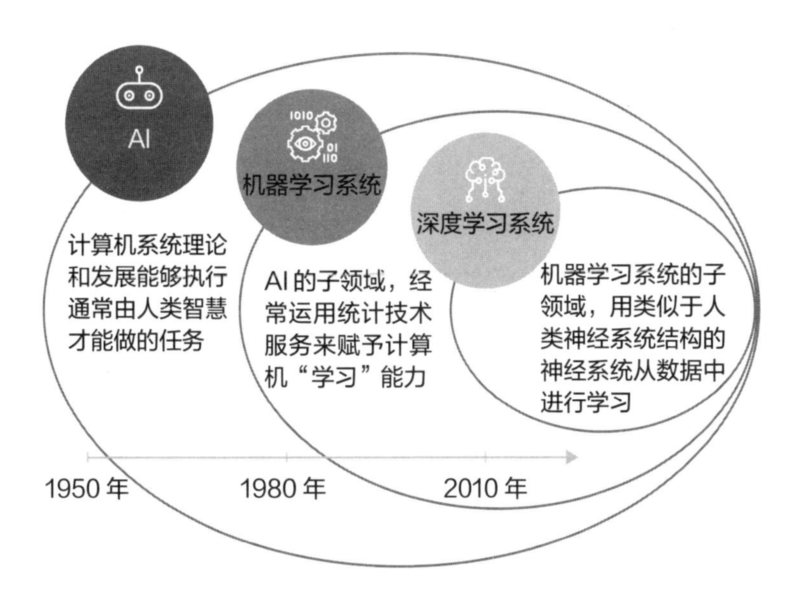


图 1-1 AI、机器学习系统及深度学习系统［林·海德曼（Lynn Heidmann）］

这就像汉森在抨击苹果信用卡算法时说的那样。信息输入了，而模型被输入的信息训练成了预期的答案。有了足够的数据，模型就会学习输入信息的异同。在经过训练后，模型能够接受之前没有见到或是输入过的内容，并产生某种程度的信心，输出对应的信息。它的输出完全依赖于由人类管理的数据输入的质量，类似于牙牙学语的孩子在模仿他所看到的大人做出的行为——满怀希望，会说“请”和“谢谢”，偶尔也会蹦出一句脏话。

## 训练与推论

怎样才能获得一个机器学习模型呢？你需要训练它们。想象一下你有一只新抱来的小狗，每次想让它坐下时，你会说“坐下”。你重复这个命令，每次当它根据这个命令联系上动作的时候，你就给小狗一些奖励。一段时间后，小狗每次听到“坐下”这个词，就会推断出自己该坐下了。

训练 AI 也是非常相似的道理。你需要教 AI 怎么做是正确的。这个教学的过程被称为模型训练，唯一不同的是教学对象：它是一个模型而不是一只狗。

数据科学家将大量数据加载到一台机器中，而机器试图选择一个模型去“匹配”这些数据。模型或算法的范围可以从一个简单的方程（如直线方程）到能让计算机做出最佳预测的极复杂的逻辑或数学系统。训练过程决定了方程式中所有的参数（权重与偏差）。

选择正确的模型，并找出它的参数是一项富有挑战的工作。数据科学家过去常常研究数学公式的很多细节，进行了低级矩阵计算，编写大量代码，同时花费大量时间调试代码。像 TensorFlow 或者 PyTorch 大大简化了这项工作。这些框架提供预置好的搭建模块，即便是新人，也能够显著提高他们实现机器学习架构并快速训练成像样的模型时的速度。

现在你有了一个训练有素的模型，你想让它在你输入新数据的时候做出预测。在使用机器学习算法的过程中，预测被称为“推论”。

然而，模型训练和模型推论之间还有许多步骤。你需要打包自己的模型，把它部署到生产环境中，监督它的表现，如果你发现性能漂移，就需要立刻刷新它。现实世界的 AI 需要组织建立一个环境和文化来有效地启用所有这些操作。这种简化机器学习系统生命周期的新的流线型管理方式被称为 MLOPS。

## 监督学习、无监督学习、强化学习

因为深度学习系统应用广泛，已然是最流行的机器学习模型，但是了解那些仍然在不同场景中被使用的其他传统机器学习模型也是很重要的。

让我们来看看另一个流行的机器学习模型：决策树。有个人正试图做出一个决定：我是否应该去同事举办的派对？一些信息就随之进入这个决策：我有空吗？派对会有趣吗？离公共交通站点近吗？最终，这个人会参考这些输入的答案来做出决定，而每一条输入的信息就是整个问题的一个层面。

这个人会尝试回答每一个问题。有些答案是“是”，有些是“否”。有些答案比其他的要重要——如果派对有趣的话，它是否靠近公共交通站点就不那么重要了。对每一项输入都有一种内在的加权，然后，这个人把所有问题的答案都在心里做上一番计算，如果答案超过某个阈值，他就会参加派对。

人类权衡这些因素，然后做出决定，而是对于计算机来说，必须得明确告诉它如何做出决定。负责数据分析的科学家和业务人员在创建一个模型前必须提前明确并阐明决策阈值，因为模型只会根据它所知道的做出决定，这一点非常重要（图 1–2）。

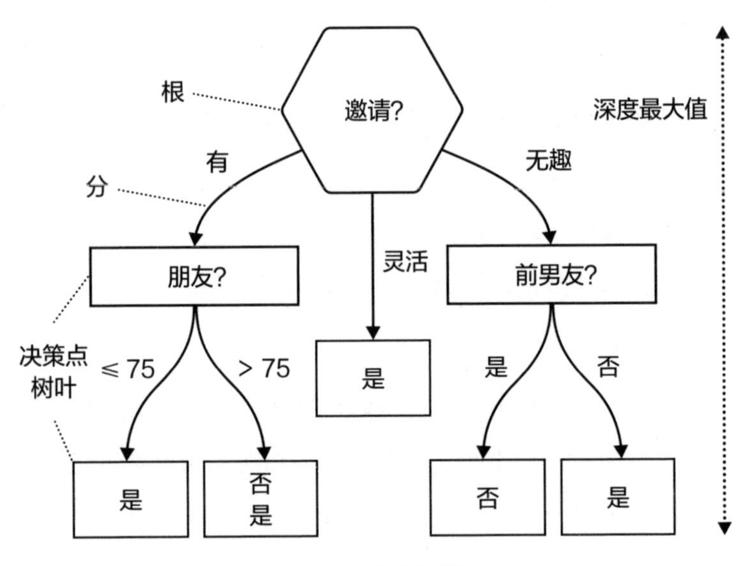


图 1–2　派对决策树

也许，如果想参加派对的人知道他们的前任会在那儿，那么不管其他的答案是什么，他们可能会动摇原来的想法，并做出绝对“不”的决定。除非把前任作为一个层级并接受过一些例子的训练，否则的话，决策树在决定是否要去派对的时候就会考虑这些输入信息。这个派对决策树的生成是基于监督下的学习。绝大多数在商业世界中的 AI 使用案例都用到了监督学习模型。这是一种描述算法的奇特方式，它试图在某些特定场景中，模仿人类做出的决策，而这些数据来源于先前人类已经创建的训练数据。这是因为商业中有许多工作本身就是重复的、难以扩展的、烦人的、低值的，或纯粹是人类执行时间过长的。如果一个计算机可以在更短的时间内完成同样的事情，而且扩展性更强，难道我们不想用它来代替一个人吗？

相反，无监督学习是在没有正确答案的数据上进行训练的。它使用算法来发现数据中固有的、潜在的结构。

第三个常见的模型是强化学习。强化学习不是在数据上进行学习，而是需要在建立模型时通过实践和错误来学习。当模型做出的决定能带来好的结果时它就会得到奖励，随着时间推移，它会发现如何越来越频繁地给出正确答案。

## 你在构建 AI 中扮演的角色

很多时候，一个 AI 项目从构思到完成是通过组织电话游戏来实现的。从最初的商业利益相关者梦想构建它，到工程师或是数据科学家真正地构建它，都不可避免地需要五个步骤和三个管理变革。最后，构建模型的人通常不理解，也无法清楚地表达他们所做项目的业务背景。当他们需要做权衡或是战略决策的时候，没有人能保证他们做出的决策会在生产中发挥作用。最糟糕的情况是他们最终偏离了最初的目标。

数据积木（Databricks）公司的机器学习实践负责人布鲁克·威尼格（Brooke Wenig）列举了自己组织过的电话游戏以及它们会造成哪一类的伤害。当时，布鲁克还在攻读研究生，她在“我的健康状态朋友”（MyFitnessPal）公司做实习生。“我的健康状态朋友”是一个应用程序，允许用户追踪他们的饮食和运动情况，使用游戏化技术来帮助他们减肥。它鼓励用户在应用程序中记录他们吃的所有食物，以帮助他们监测卡路里消耗情况和识别不健康的饮食习惯，如吃零食或压力型疯狂进食。

布鲁克的任务是建立一个模型，把食物在应用程序中进行分类，比如水果、蔬菜等，因此，“我的健康状态朋友”能够更好地理解用户正在摄入哪些食物，并向用户提供相关广告。这是一种经典的自然语言处理（NLP）任务。因为用户在应用程序中输入食物是手动的，所以他们会错用三个 P 来拼写“apple”（苹果）或是用三个 N 来拼写“banana”（香蕉）。

布鲁克的任务是在这些乱七八糟的真实数据中建立秩序。作为一个实习生，她渴望成功并证明自己，于是她直接投身去创建秩序。她花了六个多星期的时间去清理数据并从杂乱的现实中绘制出一个清晰的层次结构图，但随后，她发现自己创建的归类分组并不是产品团队需要或是想要的。所以，她不得不再次从头开始。时间和资源都浪费了，因为没有人告诉她应用程序中的哪些归类群组是真正能赚钱的，她归类的那些群组在商业立场上不值一文。尽管她雄心勃勃，努力工作，但最终还是败在了一个太过常见的问题上："为什么没人告诉我这件事儿呢？"

布鲁克之所以没有做出企业需要的模型，原因在于业务同事们（也就是产品团队），没有同执行 AI 模型的人进行密切接触。正因如此，该项目连续数周停滞不前。作为一名业务人员，你的工作就是细致地参与到业务中，帮助具体定义什么样的输出信息才是对业务重要的。

这或许是件令人很惊讶的事，事实上，创建一个模型的大部分工作就是决定模型输出的可接受阈值。如果有足够高质量的数据可用，那么输入和输出的信息本身就已经可以很连贯地衔接起来了，现实中的数据科学家在建立和训练模型的时候不应该花费几天或者几周的时间。比起几年前，很多优秀的现成工具，比如数据积木、重量与偏见、IBM AI 360，使得迭代和细化模型到预期的精准度这些过程变得容易了很多。你的数据科学团队应该利用这些类型的工具。这是一个瞬息万变的领域。

当你对模型范围做出这些选择的时候，考虑其做出决定的道德影响也是非常重要的。如果你决定把你的模型精准度优化到 90%，这就意味着模型会有 10% 的概率做出错误决定。如果你的模型是用来区分支持工单[1]的高低优先等级的，那可能 10% 也没什么大不了的。但如果它是用来区分性暴力报案的，那么错误分类的 10% 可能代表着一个严重的道德问题，更不用谈什么实质性责任了。拿优步公司（Uber）的例子来说，它使用了一个名叫蔻塔（COTA，Customer Obsession Ticket Assistant，客户工单关注助手）的系统来分类它的工单。蔻塔使用机器学习系统与自然语言处理系统来快速评估一张工单是应用程序的技术问题、车费争议，还是客户与司机之间其他数以千计在平台上可能出现的问题。一旦它知道处理的是什么类型的问题，蔻塔就会将工单指派到正确的团队，以便得到解决。虽然蔻塔的背后是人类主体在提供支持，但使系统尽可能地避免错误分类则是至关重要的，即使是一个性侵犯的投诉被发送到技术支持团队的风险也太大了。在开发像蔻塔这样的工具时，产品经理这样的业务角色是关键。数据科学家团队专注于让模型全方位变得更快更准，但当涉及如何平衡速度、风险和准确性的时候，专注于业务目标的

[1] 支持工单：一种用于记录和处理客户问题或请求的在线支持系统。——编者注

产品经理的角色就是至关重要的。

如果你要引入一个模型，这个模型曾经需要依赖人类做出道德决策的话，那么你需要防范你的数据科学团队组成过于单一化。如果人类提供的数据和在建立算法的时候没有充分考虑到以往通常需要依赖人类做出判断的敏感区域的背景而引入了偏见，那么就会引发无意识的歧视。

此外，回忆一下微软的推特（Twitter）聊天机器人泰（Tay），它使用了增强学习，能更好地进行谈话，但是它的训练却没能保证它可以应付坏人们。泰是微软的两个团队探索会话理解的研究项目。聊天机器人使用了 AI 和由一位专门的工作人员编写的内容，两者形成了它的回复并生成会话模式。泰最大的数据来源是已匿名和经过过滤的相关公共数据。本质上，泰应该是通过研究推特用户对它发推文时生成的对话来学习如何和人类交谈的。“你和泰聊得越多，它就越聪明。”[1]不幸的是，因为工作团队没有对泰从其他推特用户那里已经学到的或是将会学到的信息做出任何过滤，结果，导致了泰被“喂”了一百万句充满恶意的会话。它最终变成了一个宣传纳粹主义的极端分子聊天机器人。在许多情况下，泰只是简单地重复了那些在推特上发布的煽动性台词。然而，

[1] 2016 年 3 月 24 日，新闻媒体《卫报》撰文写道：“微软的 AI 聊天机器人泰从推特上了一堂种族主义的速成课。”

越来越多的种族主义和亵渎的内容被“喂”给了泰，因为程序设计中缺乏任何过滤功能告诉它什么是聊天的相关对话、什么是垃圾、什么是适合的数据，泰变得越来越表现出种族主义和充满污言秽语。

AI 不是魔法。它是一系列技术的集合，可以套用在一组目标决策上。由于我们是在日常生活中使用 AI，所以模型设计方式也很重要。你得到的结果很重要，业务决策是工作中的重要部分。选择模型的参数与范围、确定什么样的精准度能足够好地支持业务、什么时候以及怎样去部署它、如何监督它的表现，这些对成功而言是至关重要的。

请思考一个匹配病人记录的医疗保健场景。当一个人出现在医院的时候，若医生有病人的病史的话，对医生实施急救是很有用的，甚至是非常关键的，这样医生就能够更了解病人的身体情况。考虑这样一个场景：病人可能没有去上次就诊的医院，或许可能他结婚之后改了名字，也或许他只是缩短了登记表上的住址，这样一来，用英文记录的就诊信息就会与上次的略有不同了（表 1-1）。

医院通常使用基于机器学习的模型来为病人做记录匹配。在这个案例中，你可以看到三条不完全匹配的记录，但作为一个评估人而言，你可以看出这三条记录大概率是来自同一个人的。但机器学习系统可能没有相同的自信。作为一个与 AI 一起工作的业务人士，你问这样的问题就很合适，比如：

“如果我们不小心匹配了不是同一个人的病例记录，会有什么风险？”或是：“对看似是同一个人的病例记录不做匹配，导致医生错过了一条关键的病史，这样是不是风险更高？”

**表 1-1　就诊信息案例**

| | 记录 1 | 记录 2 | 记录 3 |
| --- | --- | --- | --- |
| 姓名 | John Doe | John Doe | John Doe |
| 出生年月 | 1/1/1980 | 01/1/1980 | 01/01/1980 |
| 住址 | 1500 Main Street | 1500 Mn St | 1500 Maine St |
| 城市 | NY | New York | New York |
| 州 | NY | NY | NY |

我们必须设置业务逻辑、数据转换和置信度的阈值，才能做出一系列的决策，引导逻辑机器学习系统，根据这三条记录得出它们来自同一个人的结论。参与决策，讨论业务和客户的影响因素加权与决策是极其重要的。同商业中的其他事物一样，AI 只是一个工具，它的价值取决于它能为你的企业做什么。

## 目标的失败

这并不罕见——事实上，这是令人震惊的常见之事，哪怕是在 AI 方面经验丰富的企业也是如此：在 AI 解决方案中投入了巨大的资金和精力，最后却产生了错误的结果，甚至彻底失败。一个公司可以做所有“正确”的事——聘用聪明而有经验的人，有最好的计划，但仍然可能会只耗费着大量的资源而没能实现目标。

一个很好的例子：2013 年 10 月，IBM 宣布了一则令人兴奋的消息，IBM 和得克萨斯大学 MD 安德森癌症中心（University of Texas's MD Anderson Cancer Center）建立了合作关系，合作双方将使用沃森认知计算机系统把癌症研究提升到新的高度。经过三年多的工作，MD 安德森团队花费了超过 6200 万美金的费用，但这个项目却被搁置了，这项技术也没有被用在任何一个病人身上。

其中一个原因是 MD 安德森团队错误的认知并且没有深刻地理解 AI 的潜在影响会面临的具体问题。他们将机器学习系统应用到了“治疗癌症”这样广泛的目标上，这很快就证实了技术的局限性。AI 模型只能解决当下一个特定的问题，而不是一个遥远的未来目标。其中部分原因是 AI 不是一个“设置后就不去管它”的系统，它会在没有人工干预的情况下不断产生结果。它需要持续地维护、管理以及航向修正来继续提供有意义且符合期望的输出。没有明确清晰的目标，没有成功的测量方法，没有谨慎定义的期望、里程碑，乃至项目上的指导方针，就会像 MD 安德森发现的那样，成功的概率是渺茫的。

这是 AI 警报中的一个例子——承诺了难以完成的解决方

案却缺少执行目的，这导致公司走上了浪费时间和金钱的危险道路。当它发生的时候，人们会条件反射地得出结论，投资 AI 是一个错误。在知道了像苹果公司、MD 安德森团队这样缺乏预期结果的故事之后，你可能会想知道你如何才能避免陷入同样的陷阱。

答案是失败并非不可避免。人们制造 AI，用收集和准备的数据来训练 AI 系统，聪明而有效的 AI 完全在你的控制范围内，设计和训练能产生预期结果的有效系统也是如此。

当你有意地、负责任地设计你的 AI 来解决一个特定且有价值的业务用例时，它会变得更加成功，也会更好地服务你的用户。

## 当好的 AI 变坏

有时候，即便目标和目的都被明确定义了，最终技术还是会让用户失望，受到有害影响的不仅仅是企业还包括了整个社会。种族、性别、阶级和其他一些标记，仍然会在谨慎创建的系统中用它们自己的办法输出。

### 谷歌翻译

2018 年，谷歌发起了一项有针对性的措施，旨在降低翻译软件中的性别偏见。这款软件运行在一个名叫神经机器翻译（neural machine translation，简称 NMT）的深度学习模型上。首先，为什么模型会有性别偏见呢？模型是在已经翻译好的跨越数百种语言的文本片段中的数亿条数据中进行学习的。不过，不同的语言本身就存在阳性和阴性的形式差异。当其用户向模型输入“强壮”或“医生”这样的词时使用了阳性词，而他向模型输入“护士”或“美丽”这样的词时又使用了阴性词，于是，哪怕土耳其语里的代词不分性别属性，在输入“o bir doktor”时，输出的英语还是会自动翻译成“他是一个医生”。在无法改变输入的情况下，谷歌的修复是在输出端——任何时候性别中立的输入，英语的翻译结果都必然包括两种形式，即“他是……”和“她是……”（图 1–3）。

但谷歌翻译的性别偏见比这还要深。当输入“［不分性别代词］是［形容词］”这样一长串的句子结构格式模板时，其结果令人担忧。比如，形容词是“努力工作”会自动分配给一个“他”，而形容词“懒惰”则会自动分配给一个“她”。[1]

[1] 2018 年 12 月 6 日，李·达米在科技媒体网站 The Verge 上写道：“谷歌翻译现在为一些语言提供了性别特定的翻译。”——作者注

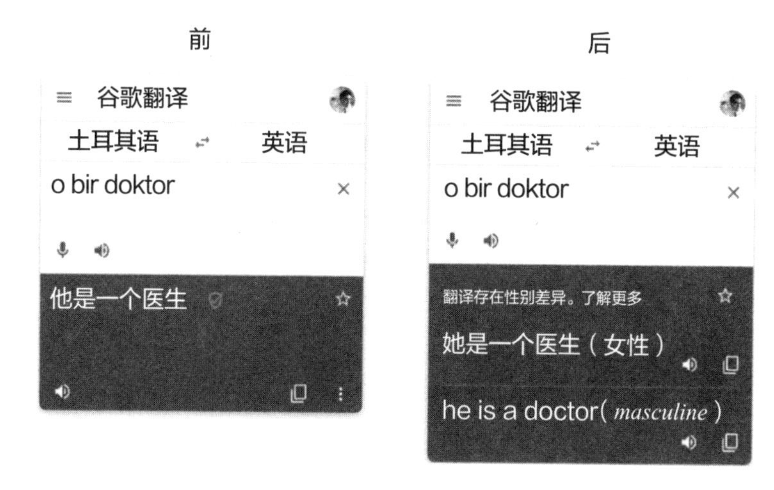


图 1-3　谷歌翻译结果案例

谷歌公司已经明确表达了在翻译工具中的每一个纠正的意图是促进公平、避免偏差，但因为它的训练数据是庞大的人类语言资料库，所以模型的训练势必会受到全世界性别习俗惯例的严重影响。那么，谷歌的任务主要是对输出进行管理，并持续关注对有偏见的输入进行处理。

## 亚马逊招聘

2014 年的时候，亚马逊公司开启了一个大项目，旨在用 AI 对求职者进行审核，给候选人进行 1~5 分的打分。尤其是在申请人数巨大、审核评估人员需求陡增的情况下，该公司非常需要这样一个自动化工具。正如亚马逊公司的一位内部人士对路透社记者所说的那样："每个人都想要这样一个'圣杯'，我给它 100 份简历，它立马能吐出其中最好的 5 份，我们就聘用投递这 5 份简历的人。"[1]

经过一年的工作，亚马逊公司意识到它的系统出问题了。该模型被训练用来评估候选人的数据源是过去 10 年来求职者提交到亚马逊的简历，过去大多数简历都是男性提交的，但现在从事这个领域工作的性别已经相对不再单一。结果，模型遇到了男性候选人的时候就会更有倾向性，而应用程序对包含"女子"的任何词汇都是不利的，比如说提交的简历上包含女子运动队或者是课外活动等词语。

到了 2017 年，亚马逊公司不得不放弃该工具，因为它没有不产生性别偏见结果的数据可用于训练模型。该公司转向一个不同的解决方案来替代先前的模型：该公司开发了一个 AI 工具，可以通过互联网发现当前值得招聘的候选人。该公司把以前候选人的简历输入进模型，并教它识别与某些职业和技能相关联的术语。

但该模型仍旧导致了偏见，因为训练模型的数据主要来源于男性简历，所以它学会了许多更倾向于男性用来描述他们工作和技能的词语，于是网络爬虫反馈的候选人绝大多数

[1] 2018 年 10 月 10 日，新闻媒体《卫报》撰文写道："亚马逊抛弃了有利于男性从事技术工作的 AI 招聘工具。"——作者注

也是男性。最终，亚马逊公司关闭了该项目。

在亚马逊公司和谷歌翻译的案例中，这些公司想要成为优秀的企业。他们都监控了结果，听取了客户的反馈并迅速做出回应。这就是负责任的 AI。

## 假释决定

机器学习工具中最经典的不公正例子之一是COMPAS软件——一款用来替代制裁的矫正犯罪管理档案（Correctional Offender Management Profiling for Alternative Sanctions）的软件。该软件的创建是为了测定罪犯成为惯犯的可能性，输出结果用来帮助法官做出假释决定。这是“继续监禁”和“自由”在文字上的区别。2014年，某新闻调查网站检查了提供COMPAS运行力量的算法。该网站发现了令人深感不安的事情：完全不能依赖COMPAS的评分来预测未来的犯罪，因为只有20%的被打分会再次出现暴力犯罪的人再次实施了暴力犯罪。预测的准确性勉强超过了随机抛硬币的概率。

更令人忧虑的是该预测对特定的一些人有更严重的影响——不管黑人被告和白人被告的罪行是什么，黑人被COMPAS定义为未来高风险的概率比白人要高得多。布里莎·博登（Brisha Borden）是来自劳德代尔堡郊区（Fort Lauderdale）的一名记录清白的人，她因捡起并骑着一辆未上锁的推式滑板车几分钟后被逮捕并指控为小偷小摸的轻罪盗窃犯。这辆滑板车被确定属于一个 6 岁的邻居。她被打了 8 分的高危犯罪分数。而 41 岁的弗农·普拉特（Vernon Prater）在“家得宝”（Home Depot）入店行窃时被捕，此前他已经因持械抢劫而入狱 5 年，但即使这样，他仍被打了 3 分的低风险犯罪分数。布里莎是黑人，弗农是白人。种族差异在风险评估中仍不断持续且多发。

这家名叫北普安特（Northpointe）的私人公司开发了这个被用于布里莎和弗农案子的软件，该公司为其模型进行了辩护。该打分系统的设计是基于一份 137 个问题的调查问卷。就像苹果信用卡申请应用程序一样通过不问性别来避免性别偏见，它在评估问题时也没有包括关于种族的信息。

调查要求被告回答的问题是：“你的父母中有人被送进看守所或是监狱吗？”，“你的朋友或熟人有多少非法吸毒的？”以及“你在学校里打架的频率是多少？”调查问卷还要求在诸如“饥饿的人有权盗窃”“假如别人让我生气，我就会发脾气，我会变得危险”等问题中选择“同意”或“不同意”。[1]

COMPAS 背后的软件最初并不是用来为法庭而设计的，这一客观情况对训练和测试模型必然会有影响。负责任地建

[1] 2016 年 5 月 23 日，茱莉亚·安格温，杰布·拉森在 ProPublica 上撰写道：“机器偏见。”——作者注

立和使用这样一个系统必须考虑到公正性。这些商用工具所做的决定深深地影响着人们的生活，使用一个不是专门为某一领域订制设计的模型是不负责任的。

## 以巨大的力量

AI 代表着我们许多人在一生中能看到的最大的技术变革。它在各个层面上改变着世界，从人们与家中设备的互动到全球组织做出的决策，它时时刻刻影响着千百万人。鉴于技术本身拥有这么广泛的力量，那么我们在创建 AI 解决方案的时候就需要负责任地去保证它是道德的、安全的，并且它在为世界服务的时候是要让世界变得更美好，而不是更糟糕。

负责任的 AI 不仅对业务而言有利，对世界也有好处。在下一章，你将学习如何开发一个 AI 战略，把负责任的 AI 开发纳入你业务的方方面面。

# 第二章

# 制定一项AI战略

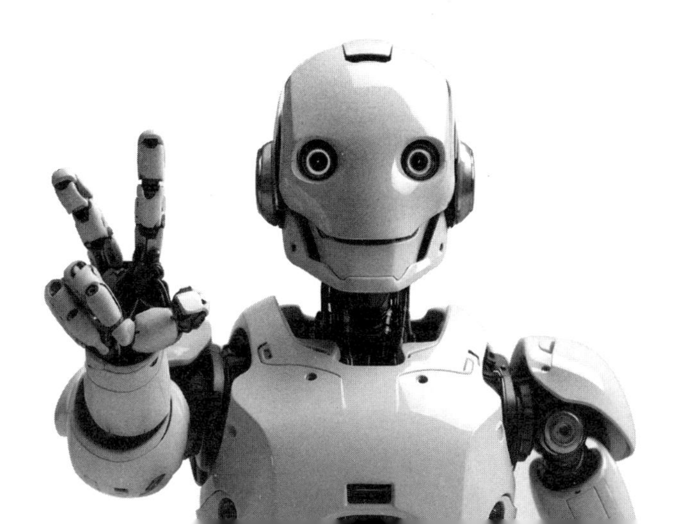

> 成功创造AI将是人类历史上最大的事件。但不幸的是，除非我们学会如何避免风险，否则，这也可能是最后一次。
>
> **——斯蒂芬·霍金**
>
> （Stephen Hawking）

当你试图巩固你想要实现的目标和原因时，请注意AI本身并不是一个目标。它是一个非常强大且具有变革性的工具，当你制定战略的时候就必须追求业务目标。为了AI而把AI放到项目上是愚蠢的。

## 逄伟

我在易贝公司工作的11年中，整个公司组织都在朝着更加结构化和可扩展化的系统、流程以及团队发展。这不是一夜之间发生的事情，而是经过深思熟虑的整体战略成果。在伟大的转变之后，易贝公司想通过扩大使用数据和机器学习系统来涉足更多领域。然而，在没有整体 AI 战略的情况下，让各个部门加快实施 AI 措施对它们而言是个挑战。

在转型之前，我的团队从构思到实现，花了几个月的时间开发并推出了新模型。我有一个很棒的团队，大家工作很努力，但是公司并没有允许我们快速采买基础设备，或是从公司其他部门收集数据——这个问题在许多组织里仍旧很常见。这些由于效率低下造成的巨大延误，导致我们担心自己在市场上能否持续保持竞争力。当然，公司的其他团队也有同样的问题。

2015 年，易贝公司决定通过投资一个内部平台来整合 AI，使其可以为一个以数据为导向的企业实现共同的、统一的愿景，这个平台后来被称为克雷洛夫（Krylov）。易贝公司组成了一个小组用来主导该方案，小组包括了负责搭建和提供服务的 AI 平台团队、负责提供平台服务的基础设施团队、实际使用平台以及案例对话的 AI 领域团队。

各领域团队的人来自全公司：广告、计算机视觉、风险、市场、财务——任何有兴趣塑造平台以满足他们未来 AI 需求的人。

团队共同制定了一个完整的战略和路线图。在探索阶段的时候，他们分析了整个公司范围内掣肘 AI 的难题。他们和 AI 研发人员合作去了解对方的日常流程，他们构建了公司的整个数据库并想出了如何细分它们的办法。

他们优化了战略，打算在几年内实现满足包括大量的、集中的、安全访问的培训数据集群的需求。它详细阐明了需要一个什么样的平台在模型的整个生命周期中对它们进行自动化训练和配置。它描述了一个通用数据的生命周期，包含了数据的发现、准备和储存。

整个战略还确立了允许为了多种不同用途使用整个公司案例以及流程的原则，包括支持任何数量的软件框架或硬件需求；另一个关注的焦点是该战略对开源技术的承诺。

这个平台的完善当然不是一蹴而就的。团队开始了小型独立的项目，这不仅对其自身有利，也能帮助促进平台的整体发展。整个公司的团队都被分配了明确的、对业务有意义的可实现度量的任务。

为了普及 AI 视觉以及提升对它的熟悉程度，我们制定了一个程序，它能够让公司的每个工程师都把自己嵌入 AI 平台团队并帮助构建它。这不仅是教了我们的员工一些概念和技术，还大规模提升了技能，同时也提供了一个反馈渠道。

在这一点上，克雷洛夫极大地提高了易贝公司的 AI 开发能力。过去从产生想法到付诸实施一个 AI，团队需要花上一整年的时间，现在只要花几天时间就可以了。集中管理降低了公司的责任且允许它管理在系统中移动的大量数据。产品的快速发展让易贝公司重新夺回了市场领导者的地位，而它所创建的文化和基础设施也使得自己的产品特性调整为随客户需求的变化而迅速变化。

到目前为止，易贝公司在转变为以 AI 为主导的企业过程中是非常成功的，因为它制定了一个有凝聚力的整体性战略。不过，它没有把该战略当作一项巨大的成就来展示，而是通过解决具体问题带来的可衡量的影响作为它的终极追求目标。知道你想要实现什么、你为什么要去实现它、为什么它很重要，这些都是决定你团队成功的关键。

## 为了 AI 自身

在 2016 年的纽约大都会艺术博物馆慈善舞会（Met Gala）上，专门做女装时尚品牌的玛切莎（Marchesa）首次推出了叫作“认知礼服”的产品。在这次活动前的几周，它和 IBM 的沃森团队合作开发了一种以某种方式融入 AI 的服装。其成果是一件覆盖着不同颜色发光二极管的高级时装。灯光的图案是沃森团队实时控制的，它分析了推特上关于这条裙子的推文表达的基调和情绪，把结果传递到了一个嵌入织物中的小型计算机。如果推文是积极的，那么灯会以一种闪耀的方式表现；如果是消极的，那么它则会以另外一种方式表现。这条裙子并不是用来售卖的，它只是 AI 进入时尚界的一个窗口。

玛切莎用认知礼服获得了什么成就呢？如果它的目标是

在衣服上添加一个 AI，那么答案是肯定的。尽管玛切莎和 IBM 没有进一步的合作，但无疑两者吸引了公众的视线。AI 的衣服其实并不复杂，在商业上也没有什么用处。

相比之下，一家总部位于米兰的高档面料公司把时尚和 AI 结合了起来，大大增强了其业务。该公司的主要业务包括设计和为高端时装设计品牌例如古驰（Gucci）和路易斯·威登（Louis Vuitton）提供高端面料。该公司的园区内集聚了绘画艺术家和插画师，他们绘制图画，其中部分图样最终变成了布料。因为该公司在这行发展已经超过了 75 年，所以，它可能拥有跨越几十年的、约 5000 种不同圆点花样的设计，其中一些被选来进行生产，而另一些却没有。

客户经常来找该公司，要求设计类似的样品，该公司会让自己的艺术家想出新的方案。尽管它有大量的时装面料图纸目录，比如说，20 世纪 70 年代的 3 号备选设计方案可能正是 2020 年的客户想要的，但它却没有办法找到这个设计方案，因为它的仓库里有成千上万份按照年份排列的文件和织物样本。

该公司试图通过 AI 来解决这个具体的效率问题。它创建了一个基于视觉的匹配性搜索，可以从它的备用目录中识别视觉相近的样品，甚至是它的客户想要的一个特定审美图样。突然间，这 5000 个圆点花样可以被再次使用了。它并不需要让自己的艺术家总是为了每个客户的要求去创作新的图纸，因为它的档案上已经可以给客户许多个选择了。这是一个给客户提供服务的更为有效的方式。

## 识别 AI 应该解决的问题

你可能熟悉选择和推出软件包的流程，比如你为公司选择的分析软件。你不仅要从众多的选项中选出一个中意者，还得解决费用、培训问题以及让你的团队接受这个改变。当然，管理这一切需要你提前理解你打算用新软件输出的东西做什么。你所认为能获得的效果取决于你愿意花多少时间和金钱来让它运转起来。

在很多方面，AI 并没有什么不同。你必须处理许多相同的问题，如果你对那些你正在迎击的业务问题有明确的计划，那么你就会取得更多的成功，用 AI 的原因就是因为它是解决问题的正确工具，以及它能达到你期望的结果。

沃尔玛（Walmart）有一个目标是通过提升客户到店体验来增加复购业务。它认为摆满的货架是客户店内体验的关键。如果一个客户去找一样东西，而那件东西缺货，这一定会是他们糟糕的经历。这个问题似乎无法解决，因为沃尔玛店的货架上有数以千计的产品，如果让员工一天四次走过所有的过道，对照电子表格来检查货架库存的效率是很低的。为了获得最新的信息，它的每家店都必须聘用几十名员工，他们的全部工作就是记录进库出库了什么货品。除了员工成本高之外，他们还会堵塞通道，挤走真正的客户。

像这样的问题，对人类来说去解决它是烦琐的或是重复的，但对机器学习系统来说却往往是个绝佳机会。如果是一遍又一遍地重复同样的操作，人类会厌恶工作并最终崩溃，而把它交给机器学习算法则要容易得多。

沃尔玛决定自动收集这些数据。它与波萨诺瓦机器人公司（Bossa Nova Robotics）一起制造了可以在过道上“行走”的机器人，机器人会拍摄货架上的巨大全景图像。这种机器学习模型会分析图像，识别货架上的产品，并注意到缺货的情况。随后，系统会通知仓库员工在几分钟的时间里补充缺货商品。这种首尾相连的流程必须在一个小时内完成，这样才对沃尔玛的员工有用。

事实证明，这些数据是极其有用的。不仅员工能够保证货架上有充足的库存，客户也不会发现货架上有无货的空档，员工还能用这些信息重新改变整个进货的流程，让它变得更为有效。这是一个通过许多不同的小型机器学习解决方案以及许多硬件、软件和编程解决方案来共同解决一个大问题的很好的例子。不过，最终沃尔玛取消了这项措施，[1]决定

---

[1] 2020 年 11 月 17 日，《机器人商业评论》中提出：“沃尔玛放弃了波萨诺瓦库存机器人项目——突出了零售机器人的挑战与机遇。”——作者注

不再继续使用机器人。在过去五年内，这个项目大幅度扩展，以至于占用了太多的过道空间。像大多数的问题一样，机器学习只是一个工具，最终需要一个最佳解决方案才行。沃尔玛在解决这个问题时的方式并不是单一的。用机器学习系统作为解决方案的一部分，这样的案例在几乎每个行业里都能找到。

例如，农民们已经有效地使用机器学习系统来种植更健康的、可持续的食物，并且也没有提高成本。

此前，农民雇不起那么多的体力劳动者来有效地选择性喷洒杀虫剂，于是只能到处喷洒，这对环境来说并不理想。现在，一些农民安装了摄像头，把它作为喷洒系统的一部分。这种机器学习模型能做到农民做不到的事：检查每一片叶子上的虫子，随后，它可以告诉喷洒器到底往哪儿喷洒。[1] 在一些情况下，农民可以减少 90% 的杀虫剂购买量，同时也减少了这些杀虫剂在最终农产品上的使用量。[2] 机器学习工具还可以帮助农场部署“搜索并消灭”杂草的策略。蓝河科技公司（Blue River Technologies），是一家由约翰·迪尔（John Deere）

---

[1] 2020 年 8 月 7 日，斯特里克勒·乔丹在《福布斯》杂志上发表评论：“蓝河科技公司利用脸书的 AI 来控制种子。”——作者注

[2] 2017 年 9 月 7 日，汤姆·西蒙尼特在《连线》杂志上发表评论：“为什么约翰迪尔刚花了 3.05 亿美元在生菜种植机器人上？”——作者注

公司收购的农业科技公司，蓝河科技公司用摄像头和机器学习系统来区分作物和杂草，并有效地使用除草剂对杂草进行靶向除草。这项技术产生的经济影响是巨大的。农民花在劳动力上的成本少了，同时还少用了杀虫剂和除草剂。这对农民和环境来说是双赢的。

## 建立一个跨职能的团队

作为一个业务领导者，你可能无法确定哪些问题是可以用 AI 马上解决的。你可能没有正确的数据或是没有针对你组织的那部分情况。也许你会想，“我只要聘用一个数据科学家，他能弄明白”。其实招聘一个专家只是拼图的一部分，还远远不是解决问题的方法。

为了取得成功，你需要一个跨职能的团队来找到问题以及解决它们的方法。除了数据科学家，这个团队还需要包括一个用户调查员，这人可以通过访谈来了解有哪些亟待解决的业务问题；还需要一个机器学习工程师来判断存在的数据是否能够解决问题，以及如何才能得到数据。

也许最重要的是，这个多学科的团队必须包括一个核心角色，比方说产品经理或是业务线工作者，因为他们了解正在追求的目标，能够确保正在开发的解决方案能实现实际业务需要的结果。一个成功的 AI 解决方案的非技术组成部分与建立模型所必需的纯粹技术相比，就算不是更重要，至少也是同等重要。

即便有一个很好的商业战略、清晰而具体的问题、一个伟大的团队，如果没有访问每一个数据集所需要的数据、工具和基础结构，保存它并转移到正确的地方操作它，也不可能成功。训练有素的医生不能在没有手术刀、手术室以及一队护士和技术人员的支持下完成手术。所以，一定要让你的团队中包括能应对错综复杂的情况和实际问题的操作人员，这些操作人员得专注于计算、存储、网络。他们的支持对你的策略能否成功至关重要。

你还需要决定如何在流程开始时就获得你的数据。如果没有可靠的途径来获得相关的、干净的、高质量的数据，那么世界上所有的硬件和基础设施都没法训练和测试一个模型。在你的业务中，数据所有者是最有能力提供内容来源的，也应该成为你团队中的一员。

## 如何定义成功

最后，预先定义好项目成功的标准是极其重要的。你需要提前明确好你解决方案的优化标准。衡量你所关注的事而不是那些附带的影响是个好方法，否则的话，你就会冒途伟团队在易贝公司做项目时因附件污染而影响收入的风险。如果你想提高生产效率，就不要去衡量团队人员请病假的天数。如果他们的工作量是另一个团队的两倍，哪怕是请了更多的病假，你也不会知道的。要确保衡量的标准是你想要的。

试想一下，如果一个模型在公众检测中测出脑癌的准确率有 99%，从理论上来说这很不可思议，是吧？但在现实中，这种模型甚至都不需要经过特别训练就能满足这个准确率，因为在普通大众中，脑癌的发生率不到百分之一。模型很简单地就能预测“不，你没有得脑癌”，每次都能保持 99% 的准确率。可见，基于此定义做到的成功并不能让一个脑癌检测模型解决任何重大的问题。

当然，有些项目确实很在意像精准度这样的衡量标准，但是另一些项目比如脑癌模型，则更应该关注假阳性和假阴性。这些度量之间的细微差别有时候是商务人士很难理解的——但是理解它非常重要。战略制定过程中的解释很重要，这样每个人都能对成功的意义以及要实现它的问题有一致的理解。

每个人都以积极的、对业务富有前瞻性的目标开始 AI 项目，但是太多的人在开始实施 AI 之前都没有明确定义他们的战略和目标。不要落入相同的陷阱中。花大把的钱买很酷的技术是件非常容易的事，但如果它并不能为你的业务服务的话，你的项目就会失败。你得确保自己很清楚，也很明确你的机器学习项目的输出与业务价值是相关联的，否则，你会浪费大量的时间、金钱和精力去做一些你实际上并不在意的事。

易贝公司非常认真地对待它的计划。它确认了要解决的问题，创建并启用了一个跨职能的团队，并且执行了一个大获成功的多年战略。即使你的公司没有这么大或是没有那么多的资源，你仍然需要明确预先制定战略的重要性。

不过，你得确保自己不试图一次完成所有的事情。如果你想同时解决所有的问题，那么一件都不会成功。从小处着手，随着时间的推移去迭代和扩展解决方案。你首先选择解决的问题会成为你整个 AI 之旅的基石。

# 第三章

# 选择『金发姑娘』问题

试图把AI推到不适合它们的地方，除了让它们看起来像一群横冲直撞的业余爱好者，通常还会造成该解决方案维护成本过高的问题。相反，对于一个亟待解决的问题，使用最好的解决方案才会赢。如果你没有AI也能做到，那就更好了。机器学习系统/AI是用于那些其他方法无法实现你所需性能的情况。

**——谷歌公司首席决策科学家**

**柯凯茜**

（Cassie Kozyrkov）

将AI融入你的业务中并不意味着利用机器学习系统会一次性解决所有问题。事实上，也不应该如此。选择从一个简单合适的问题开始，并以它的解决方案作为动量更为重要。

这叫作识别“金发姑娘”[1]问题。

在软件公司欧特克（Autodesk）开始接触AI之前，其技术支持服务毫无疑问都是模拟的。当数以百万计的工程师和建筑师依靠AutoCAD LT软件来创建技术设计和模型且需要帮助的时候，他们的选择是拨打热线电话或是发送电子邮件。这形成了一个人工管理的冗长队列。平均一个支持案例得花上一天半的时间来解决。因此，当欧特克决定把AI纳入公司后，它把焦点集中在了一个突出的问题上：通过减少案例解决时间来改善用户体验。它没有建立一个模型用自动化来帮助联系中心解决所有的询问需求，那样的话，案例和问题得有几十个，它专注解决的是一个最高比例的代表性问题：密码重置。

聚焦识别一个具有业务重要性的狭隘问题对成功而言是非常关键的。

网站登录询问重置密码对自然语言处理来说是一个好任务，因为人们通常会用类似的方式提出问题：“我需要帮助登

---

[1] “金发姑娘”出自英国的童话故事《金发姑娘和三只熊》。讲的是一位金发姑娘偷偷跑进了熊的家里，她发现房间里有三碗粥、三把椅子和三张床，粥有冷的、热的、不冷不热的，椅子有硬的、软的、不软不硬的，床有大的、小的、不大不小的。她都一一尝试了以后，选择了不冷不热的那碗粥、不硬不软的那把椅子、不大不小的那张床，因为那碗粥、那把椅子、那张床最适合她，对她来说都是“刚刚好”的。这种选择就叫作“金发姑娘的选择”。——编者注

录。""我想要重置我的密码。"欧特克公司访问了包括电子邮件和录音在内的大量历史数据，用户要求它解决这个问题。密码重置的请求一个月达到了数千次。如果欧特克公司可以把这个过程实现自动化，它将会大大节省用户联系中心资源的时间，从而更快地解决用户的其他问题。

最重要的是，提出这些请求的用户往往会感到沮丧，因为像重置密码这么简单的事情也得花上一天半的时间才能解决。这些技术含量很高的用户无法使用他们工作中的主要工具，糟糕的用户体验正在消耗公司的钱。

在确定了这一具体目标之后，欧特克公司建立了一个模型来识别那些提出密码重置请求的工单。一旦有这样的请求发出，它们就会自动识别，随后将用户引导到一个可以重置密码的界面，用户可以在没有人工参与引导的情况下重置密码。研发团队不仅要建立一种检测密码重置的自然语言处理模型，还得链接内部几个系统来验证请求重置的人是否有这方面的授权。最后，它把重置密码请求处理的时间从平均一天半降低到 10~15 分钟。

这一解决方案是一个很好的思路证明案例。此外，自然语言处理模型完成了"确定哪些登录请求工单是关于密码重置"的繁重工作，这并不需要模型做到完美就可以开始增加价值。尽管在一开始，模型也只是成功识别了 70% 的登录密码重置请求，但仍然为降低用户解决问题时间的最底线提供了富有意义的帮助。随着时间的推移，该模型改进并扩展了功能。欧特克公司建立了能识别 60 种不同用途的实例模型，范围从激活代码请求到地址更改、合同问题、技术问题以及其他更多的情况。这 60 个实例同样都是容易解决和实现自动化的，这样就解放了它的客户代理，让他们可以帮助客户解决其他更为复杂的问题，同时把那些平均解决问题的案例时间从原来的一天半降低到 5.4 分钟。

根据当时欧特克公司的运营副总裁格雷格·斯普拉托（Gregg Spratto）的说法，“该解决方案识别问题内容的能力已经让欧特克公司解决用户问题的速度提高了 99%”。这直接转化成了成本的节约以及更好的用户体验，也让整个公司增加了对 AI 的投资。

欧特克公司选择了一个可以管理且有价值的首要问题去解决，为自己的成功奠定了基础。它的问题范围狭窄，但对业务产生了明显的、可衡量的影响。它没有在最开始的时候就把 60 个不同用途的实例全部进行最终自动化，整个团队只聚焦在一个问题上，又快又好地解决了它，并证明了自身的业务价值。同时，它为所有的解决方案建立了一个范本。或许更重要的是，团队不只是建立了一个模型，还把它教给了圈子外的其他人。

如果你能解决掉你所要面对的首要问题并证明 AI 在这方面能产生影响，那你会更容易得到支持和资源用来解决接下来的十个问题。你可能会发现各种潜在的重要问题。使用可管理的机器学习组件去选择那些能够击中规模和影响最佳点的问题，这对你为成功做的准备来说是最重要的。

那么，这个“金发姑娘”问题的特点是什么呢？

## 从小事做起

正如我们已经讨论过的那样，最好的“金发姑娘”问题应该是足够小的、你能很快解决的问题。这个问题涉及把东西分类到两个桶中的一个：密码重置请求，是或不是？这就是一个好的选择。通常来说，理性的人们很容易就这些类型达成一致意见，一个人能很快地做出“是”或“不是”的决定，这样的决定也不会被其他人质疑。实际上，在很大程度上可以肯定的是，其他人也会得出相同的结论。当你成功地大规模解决了这类问题时，这一点就变得非常明显了。

相反，解决歧义型的问题可能就不是好的选择了。如果两个人在正确的答案上意见不一致，你将很难证明你的模型在大多数的时候都是正确的。然而，想象一下如果你选择的问题是把每张转入的工单归类进 100 个类目中的某一个，它需要一个训练有素的人花上许多个星期的时间来学习这些类目，并且得提供足够多的例子让他进行正确的分类。即使是这样，其他人也可能经常会对他的分类结果表示同意或者不同意。这就不是一个好的“金发姑娘”问题。另一个例子：或许你是一家酒店预订网站的经营者，你选择解决客户评论分类问题。这需要在每条提及对应内容的评论上贴上标签——便利设施、食物、位置、价格等。这个标签看上去大多数人很快就能达成一致，但这实际上却是一项令人难以置信的资源密集型工作。

从简单的开始。从那些人类就可以反复可靠地完成，但机器能做到的速度和规模是人类所不及的事情开始。

1965 年，美国邮政部门把第一台高速光学字符阅读器（OCR）投入运营，这样可以自动处理初步排序操作。一台机器可以自动识别邮政编码并快速地工作，这不再需要人工检查每一封邮件上的邮政编码。1982 年，第一台由计算机驱动的单行光学字符阅读器投入使用，通过打印条码实现邮件全程自动分拣，使得这一过程更加高效。最后，在 1997 年，美国邮政管理局更进一步，与研究院签订了一份开发手写识别系统的合同。该系统在圣诞节邮件高峰期前上线，在进入该领域的第一年就为邮政服务节省了 9000 万美元。这样的进化都是围绕着一个同样简单的问题：查看邮件的一行信息并将其分到它该去的地方。这种单一化的工作人类能做到很快很准，但是机器能做到更快更大规模。这就是一个解决“金发姑娘”问题的好办法。

## 数据在哪儿就去哪儿

一个好的“金发姑娘”问题的另一个特征，是能通过过去解决的相同问题来获得大量的历史数据。欧特克公司的密码重置问题就符合这一特征：该公司有大量的密码重置实例和对应的人类正确识别的答案。所有过去的例子都已经被归类到了相应的类别，成为你的模型训练数据。如果你没有已经归类的范本，那么就得花时间让人工来浏览和归类，这是一个耗时的工作，但对你的项目有很大的好处。

确保你的数据没有代入偏见或是无意识的不公平也是非常重要的。IBM 的一位客户在美国一家呼叫中心使用了语音识别系统，该中心主要服务于西班牙语使用者。该客户对语音识别系统的准确性不满意，他们的系统无法可靠地识别需求。当他们来到 IBM 的时候，团队立刻知道问题是什么以及如何解决，但不幸的是他们没有数据来支撑做这件事。他们需要大量来自类似行业以及类似口音的呼叫中心的数据，在美国使用的西班牙语有很大的差异，这取决于说话的人是在哪里学的西班牙语。团队为该客户部署的模型主要接受了智利西班牙语的训练，但这并不代表这个呼叫中心也有大比例的智利西班牙语使用者。这不是一个好的“金发姑娘”问题。尽管分类是合理而简单的，但团队却没有足够多的正确类型的数据来为普通接听人员解决这个问题。

一个团队试图用现成的模型并且把它应用到一个新的、不同的用例中，这种情况是相当常见的。但一个现成的模型能成功地应用到某个没有预设的目的上则是不寻常的。从很多方面来看，西班牙语语音识别模型通过许多的测量方法被证明是“好的”，但仅仅从这家公司为这个特定业务目标的衡量标准来看，它就不够了。呼叫中心需要适应和微调模型来实现它特定的用户需求。这是一个部署迁移学习的大好机会，当你从一个与自己需求相近的基本模型开始，随后需要用更具体和细小的数据来对其进行微调以真正满足你的需求，在这种情况下，呼叫中心就要使用特定术语（图 3–1）。

另一个例子：如果欧特克公司储备的主要样本都是英文的，那么它需要保证在使用模型归类前首先能识别输入请求的语言。否则，它会对以前用西班牙语提出请求且客户代表

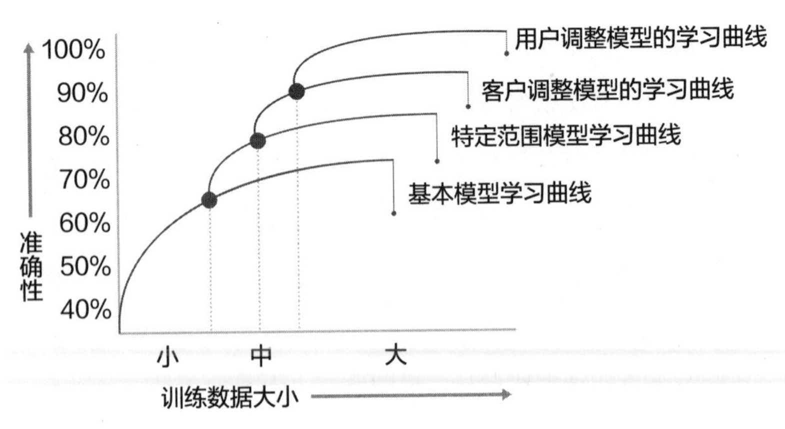


图 3–1　学习曲线模型的比较效果

用西班牙语做出相应回应的客户产生负面影响。清楚地了解你正在解决的问题和还没有解决的问题之间的界限，并且能够透彻地了解哪些界限是很重要的。

## 立竿见影

在某些情况下，你会有一个部分能用或是全部能用的现成模型。现成的模型是他人已经开发完并作为服务进行销售的。这意味着模型预先经过了训练，它所训练的数据刚好能匹配上你要解决的具体问题。通用的现成模型是可行的，比如，一个接受客户请求并能快速识别该请求所用语言类别的模型。如果你能快速交付价值，而且不需要建立一个自定义的机器模型去做到这一点，那就太棒了！就选那个。企业往往需要忍受九个月到一年的时间来构建、测试、生产、使用一个更为复杂的定制型模型。在尝试选择首要问题的时候，你应该咨询你的数据科学家和团队其他成员，看看是不是有机会走这种捷径。

另外，现成的训练数据集为从零开始收集和注释数据提供了一种更快捷且成本效益更高的选择，即便你正在构建自己的模型，它也可以使用。高质量的数据集能够按原样或者针对特定项目来进行订制和使用。提供这些数据集的公司预先保证了准确性，消除了模型训练过程中的可变性。它从价格和速度上来说是有利的，当客户和行政机构可能使用的现成数据变得复杂时，其对数据隐私及安全的需求也会日益增长。

## 产生影响

一个“金发姑娘”问题应该能够产生足够明显的业务影响。看一个解决方案的价值很容易，要么看该解决方案是否可以显著增长收入，要么看它是否可以降低成本。如果你的解决方案是把人们从没有很多成就感或单调乏味的任务中解放出来，比如说，通过一遍又一遍地按照邮政编码来排序邮件，那么，这个解决方案就能起到积极的作用和降低成本的效果。一个很好的经验法则不仅仅要能明确它带来的业务影响，而且要能清楚地进行衡量并证明它。欧特克公司的密码重置模型完全符合这一目标。它能够及时量化，而且从“更快解决密码重置问题”的客户满意度调查打分情况上就能看出效果。通常，“金发姑娘”问题是与业务收益、客户净推荐值（NPS），或是时间价值等明显的效益挂钩的。

第一个解决方案在某种程度上的新颖或创新是有用的，也可以获得更多的关注。如果非 AI 团队对 AI 团队能做到的事感到兴奋，那么，整个组织就会开始提出要解决的问题，并给予从事这些工作的 AI 团队以支持。

## 关注投资回报率（ROI）

你公司的组织成熟度——AI 经验的数量以及它对数据的信任度，能够帮助你选择“金发姑娘”。有些组织对数据完全不信任，其他人可能认为这不重要，对他们也没有帮助，或是除非支持他们已有的观点，否则就避免使用它。AI 模型改变了内部权力架构并且能（也将）减少工作岗位，反对这种改变的通常是那些受此影响的人，他们坚持认为模型“永远行不通”。用一场轻松的胜利来展示 AI 的价值对那些以数据为导向的成熟公司来说大有帮助，可靠的数据能够帮助他们做出决策，他们也更愿意用 AI 来解决更大的问题。

更实际的情况是，没有大量 AI 经验的公司在处理更难的问题之前需要从简单的问题开始。没有人会在第一次就做得很完美，所以，在开始的时候，哪怕它进行得不那么顺利，也不会造成重大的伤害或是给业务带来尴尬。同样，欧特克公司的“金发姑娘”问题是这一理念很好的例子。如果自然语言处理分类器达不到高准确率，大量的密码重置问题被错误分类，那么模型使用起来当然会不方便，但也不会非常有害。AI 团队和公司作为一个整体，在更主流的业务流程或是组织内风险较高的地方应用 AI 前，需要自由和安全地去学习如何恰当地应用这些技术。

不管你选择什么问题，你都应该能够计算出描述你今天表现情况的基线。没有这个基准你就没法确定你的解决方案能提供的投资回报。我们很难通过延迟挖掘数据去发现里面的问题，但提前给出现实预期却是很重要的。

如果业务部门认为它给了你数据，你就能提供神奇的结论，那么它通常会失望。如果你的项目失败了，买家就会开始后悔，他们需要一段时间才会再投钱到 AI 解决方案上。

例如，想象一下，一家大型科技公司曾与一家公司签约合作，要打造出更好的汽车警报器。这家公司声称每个人都无视自己的警报器，因为它们总是不准——如，无视一辆汽车的警报器。如果能更准确地触发警报，相信它们就会引起更多人的关注。

这家大型科技公司有相当多的将 AI 项目推向世界的经验。它流程中的标准部分是在开始的时候开一个设计研讨会，以确保在花费金钱和努力创建一个模型之前，选择的要解决的问题是正确的问题。在研讨会上，人们试图查出确切的痛点，会议室里的设计师可以判断出这不是机器学习系统的问题而是设计的问题。即使你知道自己的汽车警报器有 99.999% 的准确率，但如果第一次有警报声响起的时候不是你的车，那么你就会忘记它。第二次，你甚至会怀疑是否要去看一眼——反正也有可能不是你的车。第三次，汽车警报声像“狼来了”一样鸣叫时，它就彻底没有用了。

不是要让警报器变得更准确，而是需要使其更具个性化，就像手机铃声一样，你可以从警报声中识别出是自己车子的警报声，那么你就知道真的需要注意了。在构建模型开发之前，通过对问题的研讨，公司节省了很多时间，而汽车警报器公司也省了很多的钱并避免了令客户失望。

谷歌首席决策科学家柯凯茜强调了这一点：“试图把 AI 推到不属于它们的地方，除了让它们看起来像一群横冲直撞的业余爱好者，通常还会造成该解决方案维护成本过高的问题。相反，对于一个亟待解决的问题，使用最好的解决方案才会赢。如果你没有 AI 也能够做到，那就更好了。机器学习系统 /AI 是用于那些其他方法无法实现你所需性能的情况。”

使用 AI 最成熟的公司已经不仅仅是数据导向驱动了。因为它们过去在 AI 方面获得了许多成功，所以它们更审慎地使用 AI。每一个模型都经过严格的 A/B 测试。相关财务决策则是完全基于数据做出的。讨论开始的时候人们总是会比较不同的意见，但最终都会回到基于支持这一立场的数据做出正确的决定。AI 真的可以让这样的公司腾飞，它们有实施 AI 的文化和流程，只要发现新的用途就会很快实施到位。

在你解决问题之前，先评估一下你公司内部的经验水平。选择一个可以快速解决而且能产生容易理解的影响的问题，这样可以为你的成功造势。你可能会遇到各种各样的问题，这些都适合被你选作“金发姑娘”问题，但在开始的时候，让它有所进展比起完美要重要得多，所以你要选择那些看上去不错的首要问题，就这样开始。

虽然欧特克公司开始曾以降低用例解决的次数为高目标，但它明智地从一个简单的小问题开始，又好又快地解决了这个问题，在公司内部赢得了信任与认可，公司才能够拓展它的 AI，用来进一步改善用户体验。如果它尝试解决预先知道的 60 个用例，那么它可能没法把任何一个解决好，整个项目就会夭折。多亏了它对“金发姑娘”问题的出色选择，这帮助整个公司在数据使用方面成熟了起来。

正如我们先前提到的那样，你对“金发姑娘”问题的解决方案将受你现有数据的重大影响。你掌握的数据以及你准备的情况，会对你的成功产生巨大的影响。在下一章中，我们将讨论你所需要的数据种类和质量以及你如何获得它们。

# 第四章

# 你有正确的数据吗

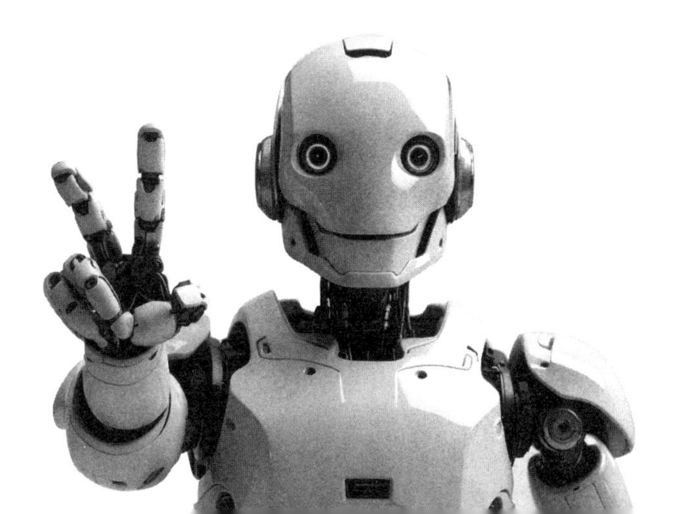

不幸的是，我们的数据存有偏见，如果你不承认它，并且没有采取具体的行动去解决它，那么，我们只会继续让它们作恶，甚至让它们变得更糟。

**——赛富时（Salesforce）公司 AI 道德首席架构师**

**凯茜·巴克斯特**

（Kathy Baxter）

特斯拉公司的 AI 和自动驾驶视觉高级总监安德烈·卡帕西（Andrej Karpathy）在 2018 年澳鹏公司举办的 AI 培训峰会上做了一个演讲。在演讲中。他强调了一个基本却被低估的事实：在现实世界中创建 AI，用来训练模型的数据远比模型本身更重要。这对以学术界为代表的典型范式来说是一种逆转，在学术界，数据科学博士把大部分的精力都花费在创建新模型上。学术界用来训练模型的数据只能证明模型的功能，而不能解决实际问题。把一个模型投入到实操中并实现真正的商业目标，它必须是用正确的数据来进行训练的。在现实世界中，能够用来训练工作模型的高质量和准确的数据收集起来非常棘手（图 4–1）。

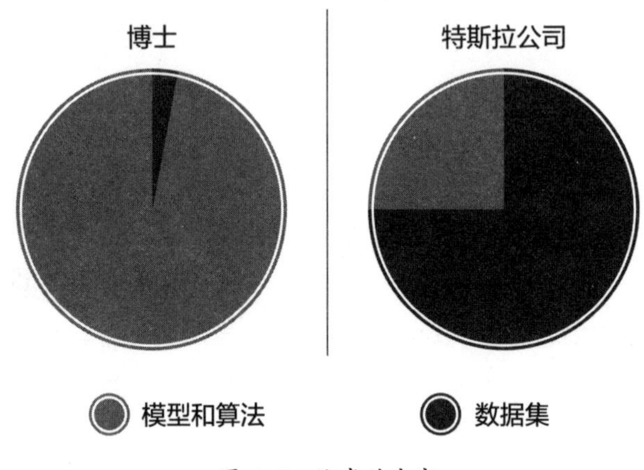


图 4–1　忧虑的内容

创造一台自动驾驶的车辆是目前 AI 研究的难题之一，在这一领域，安德烈拥有领导经验。一辆自动驾驶的汽车不仅要学会从 A 点到 B 点的导航，而且还得识别和解读整个环境。它需要识别障碍物，确定它与每个障碍物的距离，并决定如何在它所在的空间中导航。准确度是必不可少的，如果汽车做出了错误的决定或是错误地识别了障碍物，那么车上的人就可能会有生命危险。

或许汽车的第一个也是最应该被训练识别并避开的障碍物是行人，但是教会一个模型在传感器数据中，比如在 2D 图像中识别一个行人，是非常困难的事。起初，问题看起来很简单：通过在每一张行人周围的图像上绘制框架来注释数据集，那么模型就会学习他们的样子。

但很快复杂的情况出现了。如果行人坐在一台轮椅上怎么办？那么一个婴儿车呢？还有如果在挡风玻璃或者镜子里看到的人呢？在公共汽车站贴的海报上有一个人呢？实际情况比你能想到的要多得多。

你必须与数据的注释器沟通所有的可能性以及如何处理它们。如果你不清楚如何处理这些偏差，那么它们会被贴上不一致的标签，当这些情况出现的时候，模型会很难弄清楚该如何处理这些情况。

## 正确的数据

一旦澄清了你要解决的“金发姑娘”问题，就能相当简单地确定你用以解决问题所需要的数据。数据科学家团队可以帮助你厘清细节，但是问题本身决定了你所需要的数据质量。对于自动驾驶汽车，要求的数据必须包括信号灯颜色、转弯信号打开或是关闭、骑自行车的人打出的手势，等等。

一旦你确定了必要的数据，问题就变成了收集数据。检查你已有数据的准确性和注释。然后，找到一个源头，从中获取你所需要的其他数据。保证你能够在模型存在期间有稳定的、高质量的、带注释的数据来源是项目的基本前提。如果你没有正确的数据，那么你的项目会以各种方式失败。

当沃尔玛开始它的货架清点机器人项目时，它根本没有任何数据。在开始建立模型时，它必须收集足够多的数据去开始项目，于是它让机器人在门店的几十个过道上走来走去地收集图像。

一旦它得到了图像，下一步就是注释数据。一个监督模型是无法处理原始的二进制图形数据的。在训练之前，它必须得先被告知每一张图像的意思。为了做到这一点，沃尔玛将批注工作流程分成了四个阶段。

第一阶段，一个小组简单地确定每一个全景图像中的货架隔断，并注释好它们的位置。这将用于训练模型处理管道的阶段，该阶段负责把图像分割为那些货架单元。第二阶段，团队拍摄了货架单元图像，并注释了各个独立货架的边界。第三阶段，团队识别了每张货架照片中代表的产品标签或通用产品代码。第四阶段，团队用这些标签的转录文字对标签图像进行注释。

所有这些注释工作都必须由人工来执行，直到收集到足够多的注释数据来训练一个模型，该模型可以分解整个过道的全景图像并转换成每一个独立标签的文本表述。注释本身并不是特别棘手的工作，但它必须要在几分钟内高总量、高精度地完成。如果流程不能保证注释数据的持续可用性，沃尔玛就无法满怀信心地相信它能够建立和长期维护一个模型。

当你第一次开始标识用于模型的数据时，你得考虑到它的可用性。你有数据吗？访问简单吗？要多少钱呢？数据是否已经准备好或者已经以某种方式被巧妙地处理了？你明白里面有什么吗？它是边缘情况的代表吗？未来还能访问更多类似的数据吗？

## 阿莉莎

如果你需要的数据仅在短时间内可用，那么你大概需要去寻找另一个数据来源。当我在 IBM 时，其中一个团队正在使用我们通过和社交媒体平台的业务关系所取得的数据，将其用作一个模型的训练数据。当双方的合同结束后，我们被切断了使用这些数据的机会，并且有义务删除我们仍然拥有的所有数据，因为我们用那个来源训练了所有的模型。我们不得不放弃它们，转而从另一个可以长期访问的不同数据集开始。现在回想起来，我们一开始就不应该让自己依赖那些数据，因为我们能够预见到这些数据不会永远可以使用。这是一个令人惊讶的普遍问题。布鲁克·温尼格在“我的健康状态朋友”公司就遇到了这样的事。有一次，她从另一家公司的网站上抓取了数据，而当那家公司进行了业务转型后，她就不再被允许使用那些数据了。对业务人员来说，确保模型构建团队有正确的数据可用是一个非常大的难题。

根据要解决的问题，你可以创造出你缺失的数据。例如，如果你正在优化网页上的应用程序，你可以让应用程序去追踪用户的交互和点击。在其他一些情况下，你可以改变流程，那样你需要的数据会被创建成正常操作下的附带成果。即使没有现成的数据集来训练模型，你通常仍然可以找到一种方法来获取你需要的数据，且能保证未来数据的来源。如果你是从零开始，你其实不需要自己做所有的事，因为公司里存在着专门能为你的数据需求提供合作的人，你可以找到这些专家伙伴中的一个来帮助你。获取正确的数据可能很费钱，但它绝对是物超所值的，如果你选择了一个好的“金发姑娘”问题，那么提出你需要资金用于获取可以解决问题的正确数据源应该不会非常困难。这是一个很好的试金石，用来检验你的业务问题的影响力。

## 事情不会就此结束

不要忘记为你持续训练的模型分配资源。模型必须不断地训练，否则它们就会随着真实世界的变化而变得不那么准确（这被称为“模型漂移”，我们会在第九章进行讨论）。确保你的数据在可持续的基础上是可用的，这很关键。最近，一位行业分析师问道：“你是否认为五年后，你对这么多训练数据的需求会就此消失，因为这些模型已经很好地被训练过了？我很难相信，你的一部分客户会连续五年为完全相同用途的模型去创建新的训练数据。”我们相信他大错特错了，因为这种情况不仅存在，而且非常普遍。

像亚马逊、谷歌、苹果这样的大公司聘用了一些世界上最好的机器学习科学家，可以说它们拥有了一些世界上该领域最强的技术。它们还可以获得取之不尽的高质量数据来源。但即使有了这些，它们每年还会花上数亿美元去注释数据用以实现内容审核，确保与时俱进。今天的禁忌不同于几年前它们创建模型时的禁忌，这需要不断地重新注释和再训练它们的模型，它们会让更多更明确的内容随着舆论意见和标准的改变而改变。

当团队构建了沃尔玛库存跟踪模型，最终达到了沃尔玛需求的准确性时，团队成员得知沃尔玛正在对它的许多产品标签进行装饰性改变。这就意味着他们为其中一个模型收集的所有训练数据标识都无法与投入运营的情况匹配上，这样一来模型的精准度就会大幅下降。

幸运的是，不断有机器人从过道滚动拍照，他们可以控制数据的来源，所以他们没有必要抛弃所有的训练数据。潜在的、全新的设计与旧的设计足够相似，哪怕模型不会像以前那么精准，但它仍然是非常接近的。标签还是用英语写的，条形码依旧是白底黑字。重要的是新数据刷新模式可以使其保持最新状态，并将精细化处理新的事物。你的数据只有在它被收集的那一刻才算是好的。

## 数据从何而来

数据的来源很重要。企业要找的数据散落在不同部门的数据库中，而这些数据没有任何关于它来源的相关文件，这种情况非常常见。当数据从收集点进入你找到它的数据库时，它很可能已经被更改或者以某种有意义的方式被操纵了。如果你假设自己正在用的数据是如何到达那里的，那么你可能最终会做出一个无用的模型。

假设你正在构建一个模型来帮助归类和优化员工的费用，那么你可以接入公司的费用系统。那里看上去有你需要的一切——它有收据的照片，至少上面有部分已经注释了金额，每一行也写了业务用途。一个更初级的数据科学团队可能直接把这些数据拿来用了，但他们不会知道部门对于费用超过100 美元的政策是不同的。这些申请单跳过正常系统，直接到了某人的办公桌上获得了批准。

在这种情况下，团队成员花费了大量的时间和金钱来构建他们不能用的模型。因为他们会对数据的来源做出假设，所以，他们产生的模型不能解决业务问题。相反，他们应该确保原始数据在进入他们数据库的过程中没有被更改过，并且他们的数据集代表了所有的原始数据，而不应该只是其中的一部分。

当沃尔玛第一次开始它的项目时，它只有来自单一门店的数据，刚巧够它开始实验。当它扩展到一共五家门店的时候，它的模型表现在这个阶段就达不到所期望的那个程度。尽管这五家门店本质上是相似的，但它们的布局略有不同，外观和感觉也稍有不同，货架上偶尔会有不同的产品。模型只训练了一家门店而没有覆盖到实际生产运营中的所有输入数据。这并非孤立的事件，这种问题相当普遍。产品经理应该能够预料到这一点，并为此制订计划。

确保训练数据样本能够涵盖所有将在生产实践部署中发生的用例，这在模型执行中是绝对必要的。你必须确保你不会人为地限制自己的模型去处理因为你没有考虑到你的用户将会有的所有用例。当然，你没法知道你不知道的事，但是你必须努力预测在一个真实的生产实践环境中会发生什么。不要相信你的假设——要根据你所访问的数据来验证它们，确保监控模型在生产实践中能识别边缘情况。

数据科学家在研究一个模型的时候通常会为了创建模型而移除客户日常活动中的许多步骤，所以，当项目开始时，抓住机会，亲身近距离接触你正在解决的业务问题——类似波萨诺瓦公司派遣其数据科学团队成员进入沃尔玛门店过道那样。在开始之前，与一些用户研究人员探索这个问题，以确保你真的了解发生了什么事情。向现实中研究该领域工作的人询问你的训练数据的特性，再看看它们与现实有什么不同。

## 数据质量

当你评估自己的数据是否涵盖了所有的用例时，请你保证考虑到了数据的质量。随着沃尔玛收集数据来源的门店数量增加，它还遇到了数据错误相应上升的情况——机器人走错了过道，或是没电导致不能运行了。不好的或无关的数据必须通过检测并清除，注释这样的数据只会导致模型训练不良。但随着这些数据被清除，你必须保证你没有指望那些糟糕的数据来覆盖它，否则的话，你会回到原点。

数据的质量还取决于其注释的准确性。在一定范围内，你希望有个质量控制流程能够校验注释数据的人是否完全做正确了，否则的话，你的模型准确率会降低。例如，假设你通过在图片中的汽车周围画框来注释图片，如果你画的框太大，包括了许多不是汽车的东西，那就会出问题。如果你告诉模型，树枝或者路也是汽车的话，那么，模型将花上更长的时间才能明白汽车长成什么样子。同理，如果数据注释是由语音转录组成的消息，转录不正确的话——比方说，没有包含应该包含的单词，或者把单词弄错了——会让模型变得糟糕。这不是模型的错，是因为你用了不正确的数据来训练它。垃圾进，垃圾出。

最近一个现实世界对高质量数据需求的例子是新冠疫情[1]。世界各地的卫生组织发现因为语言方面资源不足，导致它在提供必要的健康和安全指导方面束手无策。澳鹏与其他大型数据公司，如亚马逊、脸书（Facebook）、谷歌、微软和无国界译者（Translators without Borders）合作，为37种资源不足的语言提供了数据来源和注释。[2]这项行动开发了包含7万条以“新冠”为关键词的数据集，在无国界译者的在线语言门户中进行翻译和访问，为未来的机器学习项目提供信息。

注释数据的并不总是人类。在某些情况下，你可以使用机器学习模型来注释或者增加数据，以便它应用在另一个机器学习模型中。你可以使用对象检测模型先注释图片中的汽车，然后让人类注释人员来检查该注释，对边框进行调整，或者增加丢失的边框。或者你也能用自动语音识别（ASR）模型首先将语音数据转录为文本，然后用一个人类注释员对转录结果进行审阅和调整。因为产生注释的模型出现的偏差

---

❶ 2022年12月26日，中国国家卫生健康委员会发布公告，将新冠肺炎更名为新冠感染。——编者注

❷ 2020年7月6日，无国界译者网站上无国界交流撰文：“无国界译者与技术领导者合作开发COVID-19语言技术。”——作者注

最终会影响模型训练的结果，所以人类仍然需要对数据进行审查和修正，然后才能使用它。尽管如此，如果你能让它为你的特定需求工作，你可以省下一大笔潜在的人工注释费用。

在你的 AI 之旅开始时，证明你的成本是合理的几乎肯定是你的主要关注点之一，但应尽量避免以牺牲质量为代价而使用便宜的数据源。当然，使用更便宜的数据会节省前期资金，但结果是建立和完善模型需要更多的时间，而数据科学家的成本要远远高于良好数据的初始成本。若从一开始就不吝啬获取高质量数据的费用，那么在时间和成本方面，你都会更加受益。最近，高德纳数据质量市场调查（Gartner Data Quality Market Survey）显示，2017 年由于数据质量问题导致企业损失的金额约为 1500 万美元。[1]

## 数据安全

当你收集数据用于你的项目时，你几乎肯定需要解决安全性的问题。有一些明显的情况，比如当你使用个人身份数据、医疗数据或者政府受控数据的时候，你的使用将受到合

[1] Smarter With Gartner 网站发表评论："如何停止数据质量对你业务的破坏。"——作者注

同或者法律义务的限制。

当然，控制对这些数据集的访问必须要考虑进你的数据收集策略中。其他的数据集虽然不敏感，但仍然可能需要被安全地处理，这取决于谁拥有它以及为什么拥有它。用户喜欢浏览脸书，虽然这可能不是个人的敏感信息，但仍然得考虑它代表了重要智能商业的整个群体。即使数据是匿名的，几乎任何个人身份信息都不会被泄露出去，可如果这些数据落入坏人之手，这对脸书来说可能是灾难性的。因为他们利用了这些信息来构建自己的算法，并在某些情况下，直接把它们卖给了广告商。

一家大型科技制造商正在进行一个非常敏感的项目，该项目要求它对卖出去的设备通过麦克风检测到的咳嗽进行注释。它让注释者标记咳嗽发生的地方，无论是湿咳还是干咳，等等。现在，没有东西可以证明这些声音属于某一个特定的人，但它处理的这些数据仍然是非常敏感的。首先,《纽约时报》发表了一则报道，称“科技公司正在从你的设备上记录你的咳嗽！”它会让人感觉毛骨悚然，并且制造了大量负面媒体信息。

沃尔玛在设置数据管道时，已经确保从其库存机器人身上获取的数据进入了一个安全平台，所有注释者都签署了保密协议。虽然任何人都可以去沃尔玛并开始写下货架上的所有产品，但门店的布局以及许多门店里考虑商品的放置比例都构成了有价值的商业信息。它不会让任何人在不泄露自己潜在竞争优势的情况下查阅到这些信息。

美国退伍军人事业部（The US Department of Veterans Affairs）旨在降低退伍军人的自杀率，它利用 AI 来预测退伍军人何时有自杀风险。[1] 团队基于医疗记录、虚拟应用服务使用和药物信息建立了一个模型，来确定每一个被追踪的老兵的自杀风险。这个模型依赖极其敏感的信息，因此保证这些数据的安全至关重要。因为这个模型包含了医疗信息，所以数据收集也必须符合《健康保险携带和责任法案》（*HIPAA*）。

## 把碎片拼凑在一起

所有这些问题——可用性、覆盖面、来源、质量、安全，都需要在你开发数据管道的时候考虑到。数据管道的每一步都需要保持一致，可重复并且准确。一个经过深思熟虑的、记录良好的、可重复的管道将对该模型在生产实践中取得长期成功有很大帮助。

那些刚接触 AI 的人通常认为最难的部分是创建模型。然而在实践中，数据的准备和管道的建设在很多时候更需要时

[1] 2020 年 11 月 23 日，凯瑞·贝纳迪克特在《纽约时报》上撰文《算法能阻止自杀吗？》。——作者注

间、资源、精力和技能的投入。如果没有可重复和可缩放的管道，那么设计再好的模型也将无法在生产实践中发挥作用。数据不是一个可以一次性解决的问题。你必须启动并运行数据管道，只要你的模型还在运行中，就需要一直向它提供数据。

一旦你感到满意了，你就能够整理出正确的数据来训练你的机器学习系统，你需要开始建立实际能做成这件事的团队。

# 第五章

# 你有合适的组织吗

伟大的团队合作是我们取得突破的唯一途径，这些突破定义了我们的职业生涯。

**——迈阿密热火队总裁**

**帕特·莱利**

（Pat Riley）

## 阿莉莎

在 IBM 的沃森部门，我们有技术基础设施和有才华的团队，可以相对快速地建立复杂的模型。不过，在与我共事的所有团队中，寻找足够的注释数据仍然是件头疼的事。我的部分职责包括从几家不同的数据注释公司购买数据，但是这几家公司拥有的我们所需的特异性和多样性的大量高质量数据仍然很少。即使我能够找到数据，它也是极其昂贵的。

我最终离开了 IBM 来解决我自己的问题。我加入了一个数据注释公司，成为产品副总裁，这家公司叫作“群花”（CrowdFlower）。它有大量的数据，但当时却没有机器学习方面的人才去更有效地执行流程。我很荣幸能被邀请帮助开发一个产品来解决我自己的问题。我从一个数据贫乏却有高技能的机器学习团队到了一个数据丰富而团队几乎没有机器学习经验的地方。

刚开始的时候，我们有一个工程团队，一个机器学习团队，同时还有一个产品设计团队。这些团队不会定期互相交流。相反，每个团队都有自己的领导以及项目。每个团队都有周会并向上级汇报，但这里很少有跨职能部门的交流。

这种垂直结构的结果之一，是组织作为一个整体提供不了什么软件。因为各个团队的日程表不同，前端团队能在后端团队做它们那部分项目的时候建立整个用户界面。当后端团队终于赶上的时候，前端团队已经转移到其他地方上了，所以，前端与后端的连接并不是很好。与此同时，机器学习团队已经建立了一个模型，但是没有人准备接受它，并把它集成到一个产品中。

尽管我们每个团队都有很多聪明且富有才华的人，但各团队仍旧被困住了。特别是机器学习团队，它被隔离在其他业务之外，对于它应该解决的问题没有得到良好的指示。成员们很沮丧，因为他们觉得自己在做企业不关心的事情。产品人员也很沮丧，因为他们觉得自己从来没有从昂贵的、高薪的、富有才华的机器学习团队中得到任何有价值的东西。

在初创企业中，经常辨别和传递价值是非常重要的。作为高管，我们担心如果不能很快提供高价值的基于机器学习的注释产品，我们就会被淘汰。

几个月后，新的领导团队到位了，我们将合作去解决结构性问题。为了替代以往只有垂直导线的结构，我们额外创建了一个围绕商业投资领域的横向功能性的团队结构。被分配到某项业务问题中的团队可能包括一个产品人员、一个设计师、几个前端开发人员、几个后端开发人员以及一个机器学习人员。每个小组每天开会协调和处理受阻碍的情况。我们没有改变任何人力资源项目或者任何正式的报告结构，我们只是引入了一个团队的新概念，这本质上意味着我们每个人都是两个团队中的一员：有一个是职能团队，“产品”或是“机器学习”或是“工程”；现在还有一个新的横向团队，如“市场”或“企业”。我们鼓励这些新的横向团队创造一个身份和有趣的名字。团队负责企业特征，比如安全和分析，采用了《星际迷航》（*Star Trek*）的主题，自称为“星际飞船企业号”。这样大家都可以得到乐趣。

这一变化同时也引发了相当大的担忧。机器学习团队声称其成员不可能在敏捷工具（Agile）中工作。前端团队认为，其成员需要待在一起，建立一致的前端。每个人都非常抗拒，因为这是一种完全不同于他们习惯的工作方式。

我们指出尽管我们更加强调横向协作和敏捷工作，但他们仍然是自己职能团队的一部分。前端开发人员仍然会每周见面互相帮助，这有助于使前端开发在产品之间保持一致；产品团队仍然会开会讨论产品需求。不过，我们更重视横向协作。

我们要求团队坚持下去，每次只需要坚持两周。每隔两周，我们会问他们什么可行，什么不可行，我们会根据反馈做出改变。有时，这意味着把一个人从一个团队移到另一个团队；有时，这意味着改变会议的形式或者添加一个新的会议，又或是取消一个会议。

这个过程在经过六七次的迭代后，终于真正开始起作用了。大家已经认同了作为这些跨部门团队成员的身份。市场团队认同了他们正在解决的问题，并为他们的工作增强了企业力量而感到自豪。企业团队专注于安全性、规模和重型平台基础设施。每个团队都扩展了自己的身份并注入了更多的能量，团队成员产生了归属感，这有助于留住他们。我们花了 100 美元去订购贴纸，上面有队名和徽标。很快，公司里的每个人都想把贴纸贴在他们的笔记本电脑上（甚至还有那些外面的技术设备上）。成为这些新成立的横向团队中的一员变得“很酷”（请记住，从人力资源的角度看，这些都不是正式的“团队”，它们只是工作方式）。

重要的是，我们从人力资源的角度评估和改变的一件大事是激励方式。过去，产品团队会得到一个基于他们输出产品产生的奖金。基础设施团队的奖金是基于平台正常运行的时间。质检团队的奖金取决于他们在生产实践中剔除的漏洞。机器学习团队的奖金则与他们的模型准确性挂钩。

因为这些激励措施是不一致的，所以职能团队也不会一起朝着同样的目标努力。机器学习团队努力制作越来越准确的模型，这需要昂贵的计算机来进行重新训练和运行测试，但这些模型不一定能产生任何收入。基础设施团队会抵制推出新功能或产品，因为这种风险会影响正常运行时间。

当我们重组团队时，我们也重建了激励机制。我们减少了职能目标对其总奖金的贡献，把职能目标调到了大约 30% 的比例，其他的奖金则是与所有团队人员共享的激励，即公司总收入。那样就促进了更多的合作行为以及更高质量的、专注于公司业务的成果。

所有这些变化使我们推出了更多客户关心的产品功能。重组前一年，我们发布了三四个产品改进。第二年，我们输出了 33 个。所有这些基本上都是出自完全相同的人和资源。我们把产品推到了市场上，其中的许多产品都包括了机器学习组件，因为在研发过程中机器学习人员被嵌入到了每一个团队。

在我们开始的时候，这种情况非常常见：公司想要让 AI 产生巨大影响，因此它聘用了一些数据科学家并把他们放到了自己的团队中。但是一个光靠模型就能解决的商业问题是极其少见的，大部分的问题都是多方面的，需要各种技能——数据管道、基础设施、用户体验、业务风向分析来解决。换句话说，机器学习系统只有在合并入业务流程、客户体验或产品中，并实际发布后才能产生价值。

机器学习系统不可能由一个数据科学家团队单独研发出来，它需要团队的努力才能让 AI 发挥作用。

## 结构

有不止一种正确的方式可以用来组织你的团队，事实上方式有很多，而你选择的方法取决于你在 AI 过程中的位置、你的 AI 准备情况、你团队的复杂性、你拥有的人才数量、你的商业目标以及你如何衡量成功。

一个星形组织架构可能是规模更小的，或者刚刚开启 AI 之旅的公司的正确选择，因为它还无法负担在整个公司构建 AI 的成本（图 5–1）。相反，它会创建一个集中式的 AI 团队——基本上是一个卓越的中心，负责整个组织的 AI 工作。它会与所有不同领域和部门合作，任何有 AI 需求的人都会到这个团队来构建他们的模型或是应用程序。

星形结构是相当灵活的。它的集中化让整个公司在 AI 方面的努力保持一致，并且简化了有限资源的分配。但是一旦 AI 在公司崛起，那么一个星形组织就很难通过扩大规模来满足需求。

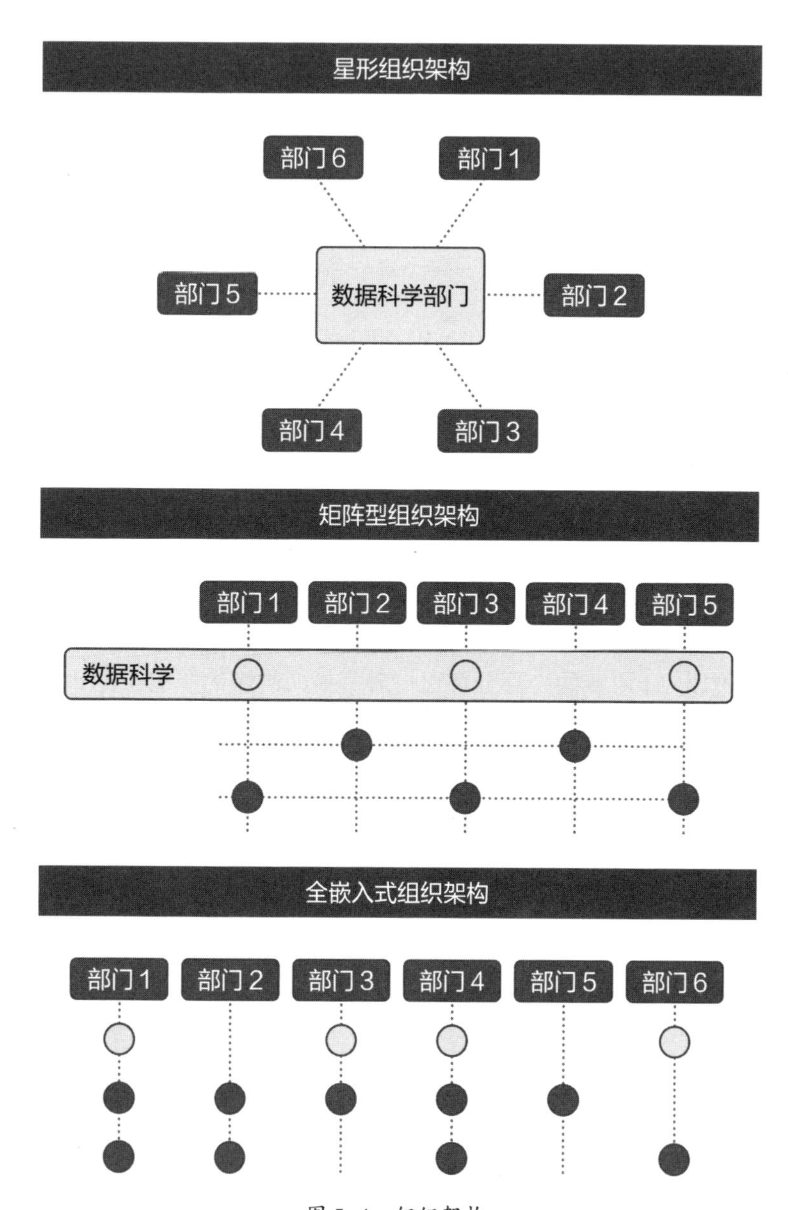
星形组织架构
部门6
部门1
部门5
数据科学部门
部门2
部门4
部门3
矩阵型组织架构
部门1
部门2
部门3
部门4
部门5
数据科学
全嵌入式组织架构
部门1
部门2
部门3
部门4
部门5
部门6

图 5-1 组织架构

矩阵结构更适合于拥有更多成熟 AI 的公司。它们可能在不同的领域或跨产品线中有相当多的 AI 问题要解决。例如，一家旅行公司可能有酒店产品线、航班产品线和度假产品线，所有这些产品线都有不同的需求，但它们需要 AI 解决的问题可能又有许多相似之处。

在矩阵结构的组织中，AI 团队成员将致力于解决这些独立问题——两到三个做酒店产品，一些人做航班产品等。每一个子集都非常密切地关注着它们的业务问题，直接与来自那些领域的人一起把问题映射到机器学习系统中，提供解决方案，与产品团队合作把它部署到生产实践中，甚至还可以把它部署到处理客户的反馈意见中。同时，所有这些团队成员作为 AI 团队的一部分都保持着其横向组织的职能，比如分享想法、学习新技术、比较各自领域具体的解决方案等。

矩阵式组织结构可能是非常万能的，它能同时处理跨业务领域的许多问题，并允许合适的人被带到彼此面前。因为每一个团队成员都从两个维度向经理进行汇报，那么，这种结构随着个体问题的增长会变得异常复杂。矩阵式组织的管理者必须非常谨慎地确保每个人的工作职责清晰，这样 AI 团队成员就不会觉得只有通过相互竞争的方式才能表示忠诚。

规模最大、最成熟的公司可以转向全嵌入式的 AI 组织结构。这些公司会在很长一段时间内使用 AI，它可能是部分或是全部的产品核心部件。每个部门都会拥有自己的数据科学家和工程师，他们能够构建和部署自己的模型，而不需要向核心组织汇报。机器学习团队只是领域团队中的一部分，它们处理的所有问题都是针对那个领域的。

当每一个领域或多或少都有独立的 AI 团队在工作时，组织的问题协调能力就会得到发展。我们没有理由不在 AI 团队之间维护一定程度的横向交流，这类似于矩阵形状，可以使整个公司的事情保持一致。

## 成员

突破数八公司（Figure Eight）的横向团队发展并不是全都顺顺利利的。许多团队是有差距的，比如说，没有足够多的前端人员可以配给每一个水平足够高的团队，这些缺口必须通过招聘来填补。根据你在一个组织所处的位置，你可能没有数八公司那样全盘重组的能力。不过不要担心，即使完全从零开始，你仍然可以构建自己需要的团队。

你想要聘用或者嵌入的第一个人，几乎总是那个能深刻理解业务问题的人。比如一个产品经理或者是业务分析师。这个人想要用技术来解决问题，同时他可以专注于提高投资回报率，而不是纯粹地成功解决问题。这个人通常能够控制团队计划，并指导其创造价值。这不是一个兼职角色，也不是一个分包商可以做的，这个人应该完全投入到团队中。这样他才能在公司中主持项目，还可以有效地、专注地、不用受竞争影响地引导团队朝其目标前进。

下一个要引入的人是一个数据科学家，他可以与产品经理一起把业务问题映射到机器学习系统中的问题解决框架上。在此基础上，你还将引入一个机器学习工程师。

当然，你的团队不应只有数据科学家和机器学习工程师，毕竟应用到 AI 构建、测试、优化模型的学术方法与操作结果之间存在很大的差距。你希望你的团队中拥有 DevOps 人员，可以管理工具，让你可以操作、部署和维护你的模型。这将允许你的那些可能没有丰富的企业级操作模型经验的数据科学家去发挥他们最佳的技能来解决你的问题。

如果你构建了一个模型，它必须以某种方式适合你的产品或流程，所以你需要让架构师和系统所有者一起参与到你要集成的系统中。如果你正在构建一个应用程序，那么你需要一个用户界面设计人员和一个应用程序开发人员。

一家大型健身公司在尝试着实现一个交替轮换的医疗保健应用程序。每六个月，就会有一批应届毕业生加入开发团队。一旦团队开始取得进展，他们就会离开。公司已经得到了实习生的帮助，实习生可能会坚持待上三到六个月。团队没有任何实际业务方面的领导力，这意味着它基本上一年得从头开始工作两回。果然不出意外，那个项目仍然没有完成。

## 不要忘记了软技能

很多公司过分强调聘用硬技术的人才。有时，它们会寻找熟悉一种技能或语言的人，有时会寻找在某个行业或领域有经验的人。虽然毫无疑问这些都是重要和必要的资历要求，但是数据科学家的软技能——好奇心、谦逊、合作精神——和他们的硬技能一样重要。

软技能可能很难在简历中体现，但当作为一个团队来发布基于机器学习系统的软件时，它就有了令人难以置信的价值。因为技能和经验的广泛多样性，需要 AI 团队的数据科学家能够与不懂他们硬技术的人进行沟通。他们需要谈谈自己从其他人那里得到了什么，以及他们能为团队提供什么，这样才能让团队作为一个整体取得成功。

他们还需要谦逊地认识到他们多年的学校生活和经验并不是他们生产软件所需要的唯一东西。企业聘用自负的人或是需要证明自己的人总是会以糟糕的结局收场，因为对他而言，作为团队的一名成员，想要成功地工作是件极具挑战性的事情。

对于团队经理来说，软技术的需求是双方面的。一个经理最重要的事是让每一个人都感到被理解和倾听，为他们创造一个安全交流和工作的环境。当团队成员对团队产生了个人安全感和信任感的时候，他们就会愿意进行沟通和协作。

当然，这些需求并不是 AI 团队特有的，每一本管理书都会告诉你同样的事。不过基于 AI 软件需要观点、背景和角色的多样性，所以如果你在选择聘用谁的时候不优先考虑合作能力的话，你就失职了。

不管你的团队结构和组成是什么，你的组织必须提供的最重要的东西就是明确的任务。组织会给出明确的任务并给予完成任务所需的支持，以帮助团队获得成功。当把模型转入生产实践时，组织需要有一种责任和治理的文化，用来确保安全和道德伦理的事项得到管理。

构建 AI 解决方案需要整个组织的支持。数八公司花了一段时间才意识到了这一点，但你不必等待。从一开始就正确组织好你的 AI 团队。只有跨职能的团队才能够让 AI 可以解决多方面的问题。

我们已经讨论了建立 AI 所需要的基本步骤。接下来，我们将讨论如何详细构建 AI，探讨如何从你的第一个“金发姑娘”试点问题扩展到一个完全规模化的生产过程。

# 第六章

# 创造一个成功的试点

永远不要怀疑，一小群有思想、有责任感的公民可以改变世界。事实上，这也是我们唯一拥有的东西。

**——玛格丽特·米德**

（Margaret Mead）

一家全国性的媒体和汽车经销商集团——几乎是这个国家每个买车人或者卖车人的依靠——曾经试图进入 AI 这个领域，以此从其出售二手车的图像中挖掘更多的信息。它想如果 AI 能够自动识别凹痕、生锈以及其他类型的损坏，那么它们就能找到这类信息的各种用途：从更有效地调度维修，到向客户提供准确的描述，再到处理事故索赔。

因此，它要求某 AI 团队创建一个模型，可以在汽车照片上发现凹痕和锈渍。某 AI 团队开始构建模型，但因为该集团知道这是一个复杂的工程，所以就把工程同时分包给了几家机器学习公司，希望至少能有一家可以迅速而准确地完成这项工程。

在该集团花费了一年多的时间和几百万美元之后，仍旧没有一个模型能够达到 60% 到 70% 准确度。因为图像没有均匀照明，导致阴影不一致，所以该模型无法可靠地区分凹痕、锈渍或简单的阴影。

之所以会出现这种失败，并不是因为缺乏才华横溢的计算机视觉科学家去研究这个问题。计算机视觉问题是出了名的难解决，它们需要在数据标签和复杂的模型上投入巨大的资金，很多公司都难以证明这一点——除非商业价值同样巨大。

该集团的错误是常见的：它从一个 AI 问题开始而不是从业务问题开始。它没有让 AI 团队去解决单个业务痛点，相反，它提出了一个巨大的、普遍的问题，难怪 AI 团队无法交付。

相比之下，推特的事例是一个很好的例子。它是一家从一开始就想制订一个特定的商业计划的公司，然后，随着时间的推移，计划变得越来越复杂，它便开始通过机器学习系统来解决无数的商业问题。以垃圾邮件或恶意账户问题为例，2017 年 1 月到 6 月，推特部署了一项基于机器学习系统的算法来锁定恐怖主义用户账号。这种算法最终在六个月内删除了近三十万个账户。之后的两年多里，有近三百万个账户被删除。2017 年起，推特开始的试点已经大幅度扩展到各种更广泛的用例，以此来保持平台可控。在 2020 年 11 月的美国总统选举中，推特开始更加密切地监控虚假或误导选民的内容，并自动在包含这类信息的推文上放置免责声明。

那家汽车集团的试点没有成功是因为问题太大、太过笼统，数据管理也不清晰，商业价值又模糊不清。它最终不得不放弃这个项目，因为它无法证明这笔费用的投入是合理的。相比之下，欧特克公司从一个单一的密码重置用例扩展到了六十个用例。如果你在一开始就设置了试点，那么你更有可能在项目中获得成功。

## 是什么造就了一个优秀的试点

运行一个试点并不像是在一些业务区域中推出模型，然后观察发生了什么事那么简单。一个优秀的试点像欧特克公司一样，有经过深思熟虑的计划并且规划好范围。参数都有很明确的定义：试点在时间、规模和范围上都有限制，并且在受控的环境下运行。不是所有的试点都会最终投入生产中，但一个糟糕的试点就不会有那样明确的区分。最重要的是，一个优秀的试点可以在不影响核心业务功能的情况下运行。

根据行业分析公司高德纳的说法，像汽车集团那样在试点阶段就失败的不是特例。事实上，只有 20% 的 AI 试点能够在现实世界中投入生产，另外的 80% 都会以我们先前章节讨论的那些原因失败，例如：没有选择正确的问题、没有明确的策略战略、没有合适的团队、没有创建可持续的数据基础设施、忽视了安全性或是伦理考量等。试点可能会失败，因为它们的成功是无法衡量的，或者是因为它们的目标不现实或者不可能实现。最重要的是，试点失败的原因是它们不能直接解决业务需求。

尽管 80% 的项目失败了，但还是有好消息。这些项目遇到的大多数问题不仅是可以解决的，而且如果可以提前做好正确的规划，这些问题是完全可以避免的。通过与我们的客户合作，可以保证对方能够应用这些最佳实践。

下面的工作表可以帮你清楚地表达自己的问题对于业务的价值（见表 6–1~ 表 6–4）。它还会促进业务人员与技术人员之间的协作。

**表 6–1　工作表①**

| 区域 | 问题 | 你的回答 | 例子 |
|---|---|---|---|
| 目标 | 首要的商业目标是什么？<br>具体可衡量的、可达到的、现实的、有时效性的。 | | 我们希望在 2021 年上半年，把北美地区的年度经常性收入（ARR）提升 15%。 |
| | 这个试点的首要任务是什么？ | | 我们希望在 2021 年 6 月，把加利福尼亚州的年度经常性收入（ARR）提升 15%。 |

续表

| 区域 | 问题 | 你的回答 | 例子 |
| --- | --- | --- | --- |
| 目标 | 为什么这个目标很有价值、很重要，需要怎么去解决呢？ | | 这对我们的股东来说是有价值的，并将大幅提升我们的股票价格和公司价值。它能确保我们公司的长期稳定，因为加利福尼亚州代表了我们最大的区域市场。 |
| | 什么样的标准能衡量它成功了？ | | 功能原型的完成和生产基于目标实现的百分比（0~100%）。 |
| 团队 | 这个目标实现后，哪些利益相关者的受益最大？ | | 北美区销售副总裁 |

**表 6-2 工作表②**

| 区域 | 问题 | 你的回答 | 例子 |
| --- | --- | --- | --- |
| 战略 | 机器学习系统能很好地适用于这个问题吗？ | | 是的，有一个重复任务，具体的决策标准能很好地被理解，也能得到人们的高度共识，有相当数量的可关联数据能够用于训练。 |
| | 你要解决的是什么问题？ | | 对外销售开发团队没有工具或时间去寻找和接触最佳联系人，所以，它最终以许多客户不是理想的客户而告终。 |
| | 新投资的要求是什么级别？ | | 5个人，8周，5万美元。 |
| 偏差 | 这次的试点有哪些偏差或是道德考量？ | | 我们的数据集对男性进行了过度索引，认为他们最有可能成为购买者。这在数据集里是合适的，还是被证实的？我们的试点会对此做出何种解释？ |

表 6-3 工作表③

| 区域 | 问题 | 你的回答 | 例子 |
| --- | --- | --- | --- |
| 执行 | 怎么实现这一目标?(用例子简短解释) | | 我们将通过自动寻找和优化那些看上去最会给予我们回馈和共鸣的客户，提升我们客户的质量和数量。 |
| | 你需要构建哪些元素来实现这一目标? | | 1. 目标为最后三个月的 URL 链接配置文件。<br>2. 从那些配置文件中获得刮除、存储和编辑数据的能力。<br>3. 训练过的模型。 |
| | 有没有现成的模型可以适用? | | 没有。 |
| | 你需要哪些特定的数据去训练一个模型? | | 名字，职位，描述，工作经历（职位、公司、公司规模），联系时间，联系内容，反馈（有 / 无），反馈内容，反馈情绪，反馈日期，购买（有 / 无），购买日期，购买金额 |
| | 你需要在这个数据上注释什么(如果有的话)? | | 联系内容和反馈情绪。 |
| | 需要什么样的团队去实现它? | | 软件工程师、数据科学家、项目管理和业务分析师 |

表 6-4 工作表④

| 区域 | 问题 | 你的回答 | 例子 |
| --- | --- | --- | --- |
| 数据注释 | 样本数据应该怎么注释? | | 感谢你的邮件，但我这次不感兴趣。 |
| | 你需要多快拿到数据? | | 试运行已经开始了两周。 |

续表

| 区域 | 问题 | 你的回答 | 例子 |
| --- | --- | --- | --- |
| 数据注释 | 为了这个试点，你需要多少数据? | | 至少得有25000条个人资料和相关数据，其中至少5000个样本是有反馈的，而1000个是有购买行为的。 |
| | 注释数据有什么指导规定吗? | | 联络反馈，确定联络人是否有想要继续聊天或是参与的意愿。<br>乐观的、消极的、说不清 |
| | 质量要求和评估标准是什么? | | 三个判断重叠。90%的人会遵守的黄金标准。 |
| | 数据集包括了哪些语言? | | 英语 |
| | 什么样的数据和技术安全考虑是合适的? | | 专有的。<br>公司的保密数据必须不能离开公司经营场所。要求安全数据处理。 |
| | 什么人（或人群）的安全考虑是合适的? | | 要求保密协议 |

试点可能靠自己会获得成功，除非你在投产之前就已经想清楚怎么把它们投入生产，否则的话，整个项目将会失败。该怎样把它整合到一个业务工作流程中去呢？需要谁去做那样的整合工作呢？这个模型躺在某人的笔记本电脑里是没有用的，只有在生产环境中，它才能取得成功，贡献价值。

2015年4月，加利福尼亚州经历了一场可怕的干旱。州长杰里·布朗（Jerry Brown）发出了强制性限水令：市政当局必须在未来几个月内削减 25% 的用水量。这对地方政府来说是一个巨大的挑战。尽管它可以要求每一个人都少用水，但是总有一些人做不到或者不听。如果城市市政部门能找到那些用水量超过平均份额的人，那么它就可以直接帮助他们节省用水。但不幸的是，加利福尼亚州很少有城市有足够的经验或者能够准确地测量水都在哪儿流光了。

奥秘地球公司（OmniEarth）是一家总部位于加利福尼亚州的小型初创公司，它通过分析公共卫星图像来提供用水数据。它研究了草坪的颜色——如果草坪太绿，可能意味着是水使它保持了绿色。屋顶上有太阳能电池板的房子也是一个指标，从统计数据来看，这样的家庭更有可能在内部拥有其他的绿色效能，比如低流量的淋浴或者厕所。考虑到这些和其他因素，奥秘地球公司能够提供关于加利福尼亚州每个房产实际用水量的非常精准的数据。

虽然奥秘地球公司的模型非常成功地判断了某人的草坪是否过绿，但是这无法帮助加利福尼亚州水务公司知晓究竟它该和谁联系。这个模型必须整合到实际的账单数据来显示哪些物业房产的用水量多于所需。在它整合的第一个地区，一个水务公司的员工调查了自己的家庭住址，以此来测试系统，结果，他惊讶地发现自己竟是个大“违法者”！原来他家后院漏水了，通过这个整合了计费数据的成功模型，他才知道自己过度用水了。

这种整合的结果是，加利福尼亚州的城市政府能够通过邮件的方式，非常精准地联系到那些过度用水的人。这样的效率使它的预算在未来有了很大的弹性空间，并且最终帮助它成功地实现了州长分配的激进目标。

奥秘地球公司并不是从整个加利福尼亚州发迹的，它最早是从一个县开始，一路向上走。如果它试着在加利福尼亚州所有的地方都使用同样的模型，这是行不通的。它对“太绿”的定义在内华达山脉就与洛杉矶或是旧金山湾区的有很多不同。即使它知道最终的目标是整个州，但它依旧把自己的试点放在了一个县，这样才能让它有条件取得成功。

但这并不意味着它的试点项目可以做出禁止扩大规模的选择。例如，因为它在一个县做试点，所以它就可以用无人机来获得更详细的图像。这也许会让它的试点模型更容易成功，但是对整个州来说，这显然是不可能的。它也不可能使用自己的图像进行试验，只能转向使用美国地质调查局（US Geological Survey）为该州提供的公开数据。数据本质上不同了，不能保证提供同样的模型使两者都可以兼用。相反，如果它从一开始就依赖于美国地质调查局的数据，因为它知道，当范围扩大时，它能够复制它的结果。即使每个县对“水太多”的定义不同，但它使用的数据仍然可以扩大到整个州。奥秘地球公司的方法最终被认为是非常成功的，该公司在2017年被鹰视公司（EagleView）收购。

## 做好扩大规模的准备

正如我们所说的，建立成功的试点很重要，它可以帮助你建立对解决方案的信心，并为你的组织未来的 AI 项目做好准备。试点的目的不仅仅是创造一个成功的试点，并停留在那里。永远不要忘记长远目标——在试点阶段完成的一切应该在稍后的生产中也是可行的。

你应该把你的试点设计成小规模但有能力在规模扩大的时候仍旧保持过程和结果的一致性的试点。希望在扩大规模的时候，你所要做的只是在资源上花更多的钱。你在试点阶段做每一个决定时都要问一问自己：我在现实规模化生产的情况下也能做到这一点吗？我能把它整合到一个生产环境中吗？如果你的试点是依赖于某些范围较小的特性，譬如会在规模上有成本过高的限制，或是有在整个生产范围中不存在的数据，又或是在技术上实现不了，那么即便是你的试点成功了，你的项目也会失败的。

人们通常认为，一旦建立了一个模型，它就会在生产中扩展，而成本的增加只是微乎其微的。通常，这些人都会感到失望。AI 解决方案不像软件运营服务业务，软件运营服务业务只有随着新客户的出现，资源消耗才会略有所增加。为了适应现实世界不断发生的变化，AI 模型必须不断地获得新的数据。根据你要解决的问题，你的模型需要经常重新训练，或者为每位新客户导入数据。甚至有可能（虽然不常见），你的 AI 成本会随着使用率一起呈线性增长。

即使你的试点没有产生很高的费用，它仍然应该可以帮助你预测生产成本会有多少。这能让你有效地测算出预算，同时，也能最大化提高你的模型在 AWS、谷歌或是蔚蓝（Azure）等平台上的效率——如果你买了一整年的图形处理器，那么它比按需配置要便宜得多。如果结构正确的话，试点过程能让你省不少钱。

最后，如果做得对，你花费的成本应该是值得的。想一想，如果没有 AI 模型，你就不得不靠人工来做和自动化相同的事情。如果有额外的投资，它会更便宜，也会给你带来更好的结果。它还有助于在安全和道德问题变得严重之前让问题暴露出来，正如我们所讨论的那样，你应该高度警惕这些问题。你在试点阶段所做的决定很容易在生产中产生伦理和道德的影响。

## 回到业务目标

每一个参与机器学习项目的人都需要理解业务环境，这非常关键。如果你是一个业务人员，那么你在创建试点阶段的任务就是在探索问题的时候加强这种环境。你必须让团队成员专注于他们正在试图解决的使用案例，并帮助他们采取最有效的路线到达那里。

不要害怕走出你的舒适区，要关注数据的细节。事实上，深入细节很关键。商务人士常常认为数据科学太难了，没法直接进入这一认知领域，实际上，它是由非常简单的概念组成的，任何业务人员都可以搞明白。深入研究是因为如果你不去弥合模型和业务之间的缝隙，数据科学团队无法成功。还记得阿莉莎的经历吗？数据集被意外地以一种对输出产生可怕后果的方式进行标记了。数据科学团队无法独自解决这个问题，它需要一个业务人员带着更大的全局观参与进来。

还有许多事需要考虑，希望你已经了解到建立一个成功的试点是完全可能的。这从来都不容易，机会渺茫，但是如果你遵循了这个结构，就可以成功。

当然，一旦你的试点成功了，你必须得让它投入生产，并取得长期成功。在下一章，我们将帮助你学会如何适应你可能在旅程中遇到的问题。

# 第七章

# 生产之旅

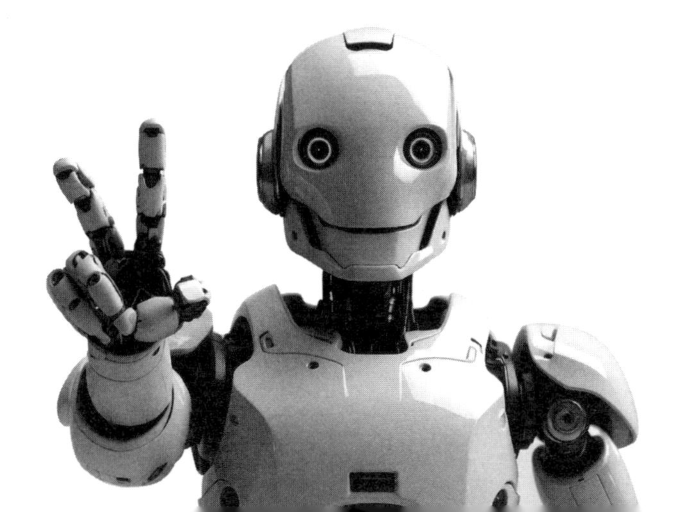

只给示范项目投资是不够的。从一开始，我们就应该为扩大成功创新的规模制定好规划。

——鲁斯·西蒙斯

（Ruth Simmons）

## 阿莉莎

在IBM沃森部门，和我一起合作开发视觉识别产品的早期团队规模很小，人员资历也相当浅，我们的第一个演示主要是由一个实习生建立的。那是一个简单的网站，你可以拖拽储存在你的笔记本电脑或者手机上的任何图片，按下一个按钮，就能出现一系列描述图像中内容的标签。举个例子，我和妹妹在婚礼上的一张照片会被标记上“女人”“伴娘”之类的标签。这个操作真的很简单。

网站本身不是产品，它下面的应用程序接口才是。我们把网站演示作为一个展示品，让那些不习惯使用应用程序接口的人，比如商人，可以用它来明白系统能做什么。它不会被广泛应用，所以我们没有投入任何专门的质量保证资源。我和团队中的几个人检查了一下，以保证它基本能工作。我们发现了一些漏洞，这些漏洞已经被修复了。尽管它有些脆弱，但对我们预期的规模来说已经足够好了。这基本上是一个内部销售工具，供我们使用，或给客户演示一次。

我们在周三推出了演示，并将链接发送给了一些感兴趣的销售人员。我们预计在给定时间内访问系统的人不会超过一百个。老实说，我认为如果有十几个人立刻用上它就已经很幸运了。事实上，我都没法让我母亲去打开链接。我原本希望在第一个月能有一千人访问演示版。

周四的时候，我去波士顿出差了。我计划在周一去纽约，所以我和一个朋友在一起过周末，而我的手机在周六一早就开始爆了。在接到几个愤怒的电话之后，我终于搞明白发生了什么事。不知道为什么，我们的小演示版已经放在了红迪网（Reddit）上。到了周六早上，它就登上了首页。

突然间，我们这个由实习生搭建的网页每分钟涌入了成千上万的访客。我们没有想扩大规模，所以是系统尝试着通过自动放大规模来处理额外的流量，而它并没有很好地处理这个问题。这在某种程度上也暴露了演示版所建立的支持系统架构中有一些潜在的漏洞，它也最终导致了位于美国南部的整个 IBM 的数据中心瘫痪了大约二十分钟。幸运的是，IBM 有很多很多的备份程序，所以我们最终不会对任何人造成实际影响，但确实有那么几小时，我害怕自己可能会在无意中对他人造成了伤害。

实际的机器学习产品，即构建在沃森上的应用程序接口还是不错的，只是我们编写的演示网页无法处理加载。不过，在外界看来，沃森自己似乎并没有起什么作用。红迪网的评论说："我们扳倒了沃森。"[1] 作为一个产品经理，这是一个可怕的时刻。对 IBM 来说这是一个潜在的负面报道，而且它可能带来的损失远超过我的薪资等级。你可以想象，我的总经理在那一天知道了我是谁，这并不是件好事。她对我或是团队在一个演示版的发布上这么粗心大意感到很不满意。

我简直要疯了，想找到一台电脑，这样我就可以登录工作群组（Slack），通知合适的人来处理问题。幸运的是，不到一小时，所有问题都修复了，没有人的业务受到重大影响。不过我学到了一个重大教训，那就是不要在没有预测可能会发生什么事的情况下就把系统投入到生产中。

不管你如何努力让你的试点与你期望的生产系统保持一致，结果总是不一样。有时候你可以预见到会有什么不一样，而有时候你则不能。不过，提升你对事实的认识能帮助你更好地为生产与试点的不同做好准备。计划总是会边走边转向。

---

[1] 红迪网在其板块上评论道："给 IBM 的沃森一个图像，它会尝试猜测其中的内容。"——作者注

如果你正在开发的机器学习产品和你希望的那样是有价值且有趣的，那么它就可能达到比普通应用程序大得多的规模。机器学习应用程序通常能实现一些以前做不到的、很炫酷或是有趣的东西。当它进入现实世界时，人们往往会试图以你没有想到的方式去使用它。

至少，当生产规模变得更大时，数据也会不同。两者都会以意想不到的方式，极大地改变你的结果。通常当一个试点在处理一个狭窄用例的时候，其生产部署可能会随着数量的增加而稍加扩展。无论你对试点做了多少测试，你在扩展规模的时候都有可能没有发现边缘情况。这个过程的每个阶段都是有一定风险的。但如果你为这种风险做好了准备，那么一定会好过没做准备的情况。

## 未雨绸缪

你应该在把模型投入生产之前，弄清楚产品的痛点是什么。这些会影响到你在生产中使用的框架、数据库或是语言，以及你将在哪里部署模型，你需要何种监控的方式。

一个大型的电子商务公司启动了一个自然语言处理项目，对其聊天机器人日志进行情感分析。该公司的目标是亲自跟进有负面体验的客户。一开始，该公司用了 Python（一种被数据科学家广泛使用的编程语言），因为 Python 有大量的自然语言处理库。但当模型部署到生产时，该公司发现需要将整个模型移植到Scala（一种由软件工程师构建高度可收缩范围的软件编程语言），只有这样，它才可以在Java环境中运行。

你需要扩大你的训练范围还是扩大你的推断范围？在单机上训练模型并分发到推理模型上非常简单，但对于分散式的训练就困难得多。许多常见的训练算法都运行在单个节点上，为每个数据点同时更新整个新模型。幸运的是，有些像TensorFlow这样的数据库，可以帮助分散训练转移到一个机器集群中——这是预先分析你产品需求的另一个重要原因。

以下是当你计划将模型部署到生产时，需要考虑的三个重要方面：

- 可用性：确保服务没有中断，并且不会在升级和部署期间中断。如果你的AI模型被用于关键业务应用程序或它是面向最终用户的产品，那么系统中断就会花费很多钱。2013年8月19日，亚马逊公司宕机了30分钟，理论上每分钟损失66240美元，产生了一共近200万美元的费用。今天，这个数字会高得多。[1]

---

[1] 2013年8月19日，在《福布斯》杂志上，柯蕾·凯丽写道："亚马逊宕机，每分钟损失66240美元。"——作者注

- 性能：确保它的反应能足够快。对生产系统中的大多数人来说，站点的速度越快，用户转化率就越高。沃尔玛发现随着每秒页面加载时间的改进，转换率就会提高 2%。库克公司（COOK）通过将页面加载时间缩短 0.85 秒，将转化率提高了 7%。不管怎么说，没有人愿意使用慢速的产品。所以你要确保你的 AI 模型表现良好，而不是减慢你产品的速度。
- 可扩展性：它现在能处理多少流量？它如何处理需求的增加——向外扩展，还是垂直扩展？你需要考虑有多少用户会使用你的产品，这是靠你的 AI 模型支持的。更重要的是，如果未来用户群的基数增加，你的 AI 模型将会如何继续支持这一增长。

当人们建立原型或进行研究时，可能会尝试构建复杂的 AI 模型并使用昂贵的硬件。但是，你必须考虑生产中计算能力的成本，支持业务所需要的可用性、性能及伸缩性的 AI 模型是否太过复杂。这里的经验法则是，如果一个简单的模型和复杂的模型在完成的表现方面不相上下，那就不要选择复杂的。

## 适应变化

另一个可能出现的常见问题是你在试点阶段没有考虑到

扩展规模时产生的数据缺口和漏洞。如果发生这种情况，你必须通过查找数据来填补漏洞或者缩小模型的范围。

美国国防部联合人工智能机构利用AI检测技术来帮助急救人员处理紧急情况。2018年的加利福尼亚州大火期间，该技术帮助消防员应对了190万英亩[1]范围内的8500起火灾。对该技术来说，遇到的最大挑战之一是因为火灾无法预测，某次火灾的航拍图像对未来的火灾并没有直接影响。根据历史数据训练的试点模型与可以投入在生产实践中的模型在本质上有很大不同，因为需要训练能预测火灾的模型根本不存在。然而在这种情况下，训练数据的缺乏可以通过降低模型的预期值来加以管理。即使是较低精度的预测，也可以通过比较当前的火灾趋势和历史的火灾趋势来拯救生命和财产。这使得消防部门可以更有效地安排人员和设备。虽然不是每个家庭都可以通过这些预测获救，但是，它有助于减少火灾伤害，使消防更加有效。在2019年和2020年的火灾季中，AI在加利福尼亚州也得到了类似的应用。[2]

当然，机器学习模型是为了处理输入信息而设计的。不

[1] 1英亩=0.0040469平方千米。——编者注

[2] 2020年10月1日，在道琼斯公司的《华尔街日报》上，约翰·麦考密克写道："加利福尼亚州消防队员利用AI在与野火的对抗中取得优势。"——作者注

过你可能会发现，一旦你把一种解决方案对外发布后，人们就可能会对它输入你没有预料到的东西。在某些情况下，这可能是一个安全问题。以喜瑞（Siri）和亚莉克莎（Alexa）为例，它们被设计用来回答人们的常识问题，并执行一些简单的操作——开灯、播放播客、描述天气等。它们并不是用来处理敏感信息的。如果有人让喜瑞或是亚莉克莎记住他们的信用卡或是社会保险号码，它们也会这么做。显然，最初的模型设计者不太可能预料到保护这类敏感数据的必要性。

处理这种问题的一个方法可能是在模型中加入一个法律免责声明，指出该系统不是为个人信息而设计的。另一个方法可能是围绕数据创建更多的安全措施。在任何一种情况下，你都可以对具体问题定制出你的回复，重要的是在必要的时候进行调整。

在生产实践中，合规性问题经常会引起注意。在某些情况下，法律可能在你的模型中发生变化。你对数据的使用权限可能会改变。即使试点阶段的合规风险较低，但在你进入生产实践的时候，还是值得和律师们一起探讨研究一下计划的。他们可以很容易地发现一些可能会毁掉你整个项目的东西，这就给了你一个机会去处理它。你从哪里得到的训练数据呢？你有权为此目的使用它吗？如果你的模型做出来一个有责任暗示的决定，例如，提供可能会导致保险索赔被拒绝的分析，那么你能解释它是怎么通过法律审查而做出的决定吗?

确保你的系统能够适应新的信息和不断变化的现实，这也是保证其可持续性和更长的可用时间的关键。世界瞬息万变，两周前被认为是真的事，两周后可能就不再是真的了。任何新闻周期都可能彻底改变消费者或其购买行为，也会让你模型的使用变得无效和无用。

你认为做一次就完事了的想法是天真的。机器学习技术除了随着数据训练的变化而变化，其本身也会随着时间推移而变化，你必须得适应才能应对。适应性是可持续发展的长期型业务的关键。你的企业需要在发展过程中不断融入新的想法或不同的客户行为，而这自然应该是被反映并转化到你的机器学习模型中的。

## 安全保障

如果你的系统是以公共方式提供的话，你就必须保护它，使其防范那些坏人。怀有恶意的人会为了打败你的模型，尝试各种各样的事情。

垃圾邮件发送者想出了各种巧妙的方法来欺骗设计过滤垃圾邮件的机器学习模型，让他们的邮件顺利通过。最流行的技术之一是对抗性输入。他们会不断尝试更改他们消息的格式或内容，直到找到一些模型无法检测出来的漏洞。然后，他们就可以用它来逃避过滤，直到模型重新被训练。

你首先需要限制恶意行为的探测数量（例如，通过限制来自相同网络地址或者账户请求的速度）来防止对抗性输入，或是要求用户在频繁请求时输入验证码（CAPTCHA）。在某些情况下，保留模型细节的秘密是适当的行为，这样攻击者就不会有任何可以攻击那里的线索。

一些非常老练的攻击者甚至可以试图用你的结果去训练他们自己的版本，从而重建你的模型。在某些情况下，他们甚至可以通过分析这些结果来发现训练数据的细节，其中就有可能包含敏感信息。有很多种技术可以处理这个问题，并保持模型的私密性，但是就像对抗性输入一样，你的模型也可以通过限制他们的访问来降低攻击者的窃取能力。

如果你的 AI 应用程序对反馈做出响应——例如，一个聊天机器人从对话或者评级系统里进行学习，那么你可能会看到恶意用户在试图扭曲它，令它表现糟糕。还记得泰吗？那个微软的聊天机器人，4 陈（4Chan）用了不到一天的时间就把它变成了种族主义者。4 陈用大量人为的一星评论把美国有线新闻网的移动程序从苹果和谷歌的应用商店下架了。

在这两个例子中，人们可以延迟反馈的影响，直到确认反馈是有效的，通过这种方式来减轻损害。如果泰在等待人工检验过对话后再应用它学到的东西，如果苹果和谷歌在把一款应用列入黑名单之前调查了其一星评级突然增加的原因，这些问题就可能会避免了。相反，它们直接采用了反馈，并在输入数据的真实性尚未得到评估的情况下采取了行动。即使你的工作做得很完美，你也很可能会遇到你没法预测的攻击。这就是为什么当攻击发生时，要建立一个能够从突发袭击事件中恢复的流程。行动小组需要知道该打电话给谁。你需要记录如何在解决问题时关闭你的模型，或是将其还原到某个可能不受当前攻击影响的备用版本。

在我把我们的视觉识别演示版本投入生产实践前，我应该确保我们有一个监控系统来提醒我们所能想到的不同场景，或者至少在事情出差错的时候让我们可以看见它。事实上，直到接到了愤怒来电的时候，我才知道出了问题。这是新手才会犯的错误，对那个愚蠢的错误我和我的团队没有任何逃避责任的借口。

我也应该有更强大的规模测试。我没有预计到会超过数百人观看演示版本，它在设计之初只是给公开课用的，但它非常的酷（致敬团队！）。2015 年，通过机器学习系统对电脑上的图片进行标记还是新奇的事物，不是一般消费者可以接触到的东西，但我应该预料到它至少远比我预想的关注度要高得多。

对于某些用例而言，考虑内部的安全性也很重要。波音（Boeing）和其他制造飞机的公司是早期机器人自动化和机器学习系统的使用者。它们有一层叠一层的机器学习系统，根据世界各地不同航空空间的规定，实行从 A 点到 B 点大多数商业飞行航班的自动化驾驶。[1] 严格监管能够访问这些系统的人是非常重要的。想想如果一个坏人有权在公司内部训练或是控制这些程序会是多么大的一个灾难。当然，并不是每一个用例都是关于自动飞行的飞机的，但是每一个生产部署都应该考虑潜在的安全性隐患。

---

[1] 2017 年 6 月 12 日，杰克·斯图尔特在康泰纳仕集团的《连线》杂志上写道："不要被波音公司的自动飞行飞机吓坏了——机器人已经在空中飞行了。"——作者注

# 第八章

# 依靠AI为导向

---

作为领导者，我们所有人都有责任确保我们正在建立一个所有人都能获得蓬勃发展的世界。了解 AI 能做什么以及它怎样适合你的战略，这些只是这个过程的开始，而不是结束。

**——谷歌大脑联合创始人**

**吴恩达**

（Andrew Ng）

---

用 AI 引领世界并非眨眼之间的事。亚马逊公司在机器学习技术应用领域是领导者，但它也不是从第一天就开始使用先进的 AI 技术的。就像其他人一样，它必须踏上一个充满探索、成功以及偶尔需要修正航向的旅程。例如，2017 年，亚马逊公司推出了一个电视广告，这个广告意外地触发了客户家中的亚莉克莎设备购买了昂贵的玩具屋。对机器学习设备的便利性而言，这个广告既不理想，也不是最好的。

亚马逊公司坚持进步，并从错误中吸取教训。它最大的资产就是坚持不懈地专注于用各种不同的方法为公司创造商业效益。随着它开发出了自己的机器学习技术，它已经非常擅长做一些重要的事情了：

它认识到自己的行政部门需要在整个公司嵌入 AI，以帮助各个团队解决日常业务问题。于是它创建了跨职能团队来优化 AI 的支持功能，例如数据注释、管理、治理以及部署。

尽管一开始就落后于人，但是它坚持不懈，专注于循序渐进的方式，这意味着亚莉克莎只花了短短五年的时间，就在智能家居扬声器市场上击败了喜瑞和谷歌助手。亚莉克莎可能起步较晚，但是它已经是市场上非常强大的玩家。

毅力和决心是打造 AI 领导者的要素，而它们并不是从一开始就完美存在的。

另一个坚持开发 AI 的例子来自《纽约时报》（*New York Times*）。在过去的十年里，新闻传播投递和消费的方式在美国公众中发生了里程碑式的转变。印刷媒体已经在 21 世纪的第一个十年里一落千丈。自从 2010 年以来，超过两千家美国报纸——从本地报纸到主要的都市日报，要么大幅度减少印刷出版物和报道，要么就是完全关闭了业务。

然而，《纽约时报》和少数几家出版物却没有出现这个问题，它们在所谓的“纸媒死亡”中幸存了下来并在新的典范中茁壮成长，它巧妙地把大部分的足迹从纸媒转移到了互联网。截至 2020 年 8 月,《纽约时报》拥有了 650 万的订户。[1]

是什么造成了这种不同的局面呢?

答案不止一个。在过去十年中，一系列的竞争优势叠加起来，造就了《纽约时报》在媒体领域的统治地位。比如其中一个优势:《纽约时报》是 AI 业务系统整合的最早采用者。该组织在各种用例中，都会优先考虑使用 AI。

对任何出版物来说，和读者的互动从纸质转向在线都是一个挑战。毕竟，互联网创造了一个丰富的新环境，它具有即时性和相对匿名性，每一个有互联网链接的人都可以被邀请对任何文章发表评论。尽管如此，许多其他转向互联网模型的出版商，在过去十年中依旧很难在开放可及性与维护信誉的需求之间取得平衡。任何花时间在油管网（YouTube）上的人都能证明，评论不需要审核就可以被很快显示出来，这样也会失去它的严肃性。《纽约时报》面临和其他同行一样的问题：你如何让读者积极参与并直言不讳，同时又不需要花费大力气来维护由此产生的评论雷区。

对一个机构来说，人工审核评论不是一个可以扩展的方案，例如《纽约时报》，它的核心业务并不是这种论坛。然而，它并没有放弃一个可以收集有价值的反馈和问询的渠道，

[1] 2020 年 8 月 5 日，特雷西·马克在《纽约时报》写道:“《纽约时报》公司的网络收入首次超过印刷收入。”——作者注

于是，它转向用 AI 来解决问题。它选择使用透视图应用程序编程接口（Perspective API），这是由“拼图”公司（Jigsaw）开发的一款基于机器学习系统的复杂内容审核产品，用来检测和过滤欺诈与辱骂性评论。[1]因此，它能够充分利用互联网允许的直接互动，同时不会损害其作为一个受信任机构的声誉。

这只是《纽约时报》如何把 AI 嵌入到自己业务中的一个例子。简而言之，它不再只是一家纸制媒体了。但它也不是一家 AI 公司，它是一家把基于 AI 的解决方案编织到它的几个业务口袋里的媒体公司。它和许多同行一起坐在同一条船上，在经历快速颠覆的行业中成功地利用 AI 的根本性变革力量应对了挑战。

这不是一夜之间发生的事。

世界级的 AI 系统需要大量的努力，并随着时间的推移进行大量的投资，同时整个公司文化也要承受巨大的心态转变。一个公司不能简单地成立小型创新团队来解决要点问题。整个组织必须投资于利用技术的机会，并把其融入每个团队的运营中，重组公司的指标与目标，重组团队，并聘用新人来应对这些挑战。

---

[1] 2018 年 5 月 23 日，CJ 在谷歌博客上发文:《纽约时报：利用人工智能进行更好的对话》。——作者注

一家公司不能只使用 AI，但为了获得优势，一家公司必须以 AI 为主。

这是什么样子的呢？

根据组织的规模和复杂程度，具体细节会有很大的不同，但一贯做得好的公司都是专注于让整个员工队伍全面掌握这些技能。组织必须发展它可能还不具备的“肌肉”。

## 找出正确的问题

在一个企业能够使用 AI 来引领业务之前，它必须先确定 AI 能够解决的问题。找到“金发姑娘”问题提供了寻找什么问题的基础，那么下一个步骤就是将这一概念付之行动中。

你不能通过建立一个 AI 团队，让其在每个部门寻找效率低下的问题来实现这一点。因为这个 AI 团队没有必要的背景，所有的时间都得花在了解各部门的运作情况上。每个分部或是部门成员都熟悉自己的运作模式以及会根据环境确定最重要的问题。他们可能缺少的只是对 AI 以及 AI 所能解决问题类型的理解。所以，给他们进行培训是第一步。

成功做到这一点的组织首先相信每一个部门都可以使用 AI 来解决它的问题，并且致力于让其领导也能够识别和解决这些用例。例如，一个首席财务官，他擅长财务工作，但可能没有任何的 AI 经验。首席财务官需要接受提高 AI 意识的培训，识别财务部门内部可以用 AI 来解决的问题。在某些情况下，这可能意味着聘用新的领导或是聘用新人来协助现有领导掌握这一技能。

通过只针对你认为最重要的地方进行培训来避免大整改，这是很有诱惑力的。也许某个部门比其他的部门更容易效率低下，你认为只要让该部门赶上速度，就能够解决问题，并开始帮助其他部门发现其他的问题。不要掉入这个陷阱中。从长远来看，这种方法的效率要低得多。

每一个部门的 AI 用例都会因为部门的不同而不同，所以，每一个领导都得接受培训去识别自己部门的问题。如果你把 AI 原理教给你所在部门的下一级领导者们，那么结果是最终只在你相同子集的部门里可以推行 AI。更好的做法是教整个组织学习 AI，并把这样的做法根植于你的公司文化中。

## 管理数据管道

一旦你公司的组织内部发现了一些问题是 AI 可以解决的，那么 AI 就需要访问数据。你的业务已经在正常运营过程中产生了大量的数据，但它可能会和大多数公司一样，这些数据被困在“竖井”中，分散在单一用途的数据库中。你必须开发一种更成熟、更复杂的方法来管理所有的数据。

商业数据具有各种特性，使用这些数据的人知道如何绕过和处理这些特性，以生成一份报告或是运行一个计算。但这在 AI 世界中根本行不通，用来“喂养”AI 模型的数据必须进行清理、注释，并且准备好。

如果销售组织需要使用一些市场数据来“喂养”模型，那么它无法承受每次都需要对工作进行订制。整个公司必须善于组织和跟踪其数据集，这些数据集必须在整个组织都可以访问，且能够用来训练模型，并随着新数据的到来而刷新。

组织培养出来的“肌肉”是什么样的呢？

更成熟和复杂的组织会有专门用于构建数据管道的团队成员。这些管道可以从不同的数据集中提取数据，将其转化成通用数据，并交付到需要的生产实践模型中。即使没有专门的团队，你的公司也必须自上而下地养成良好的数据卫生习惯。就像构建识别 AI 用例的技能一样，这是一种必须在整个公司都要实行的文化转变。

## 数据治理

一旦发现问题，那么你将面临一个非常重要的问题：如何确保模型解决问题的方式符合业务优先顺序？

这个问题的答案是数据治理。你需要学会制定指导方针和规则，以确保模型提供的数据是高质量的，并且模型能继续支持业务目标和伦理。

所有的 AI 模型的核心都是为了优化某些度量设置而设计的。随着模型的优化，它们将被用来与旧模型进行比对测试。通常，这些测试会产生竞争性的优化，而模型可以以牺牲一个度量指标的性能为代价去提高另一个度量指标的性能。必须得有人选择哪一种模型应该投入生产实践中。这不该只是数据科学家或是部门领导来负责做出决定，因为他们可能不具备为整个业务做出决定的能力。

任何复杂的内容审核模型，包括《纽约时报》现成的检测骚扰评论的模型，都是平衡了数百种不同指标后做出的。没有明确和透明的治理结构，公司怎能确定这些指标应该优先于其他指标呢?

这些决定可能有细微的差别，必须从每一个部门的角度去综合考虑优先级。模型是否应该优化或者去除煽动性语言或广告收入呢？它是否应该尝试滤掉一些合理评论中的虚假信息呢？或者是否应该减少各处出现的骗局评论呢?

业务表现并不是唯一需要考虑的指标，治理策略还应该确保模型和数据的使用是符合道德且负责任的。在优化某些希望实现的指标性能的时候可能会无意间创造了一些指标，比如说模型中出现的性别或种族偏见，就像苹果信用卡创建时的情况一样，性别偏见在该模型用于关注其他度量并摒弃性别的时候反而成了一种输入信息。每一个新模型的评估都必须考虑到所有这些竞争的优先级。

在所有这些考虑中，安全问题最重要。公司必须保证在人员流动和转化时有权查看数据在其基础上构建。因为包含了个人信息，所以某些数据收集可能是敏感的。即使信息是公开可用的，也可能不适合或者不必要用它来训练你的模型。

当使用敏感数据集合的时候，公司应该如何传达它正在被使用的信息？例如，脸书在其服务条款中有一个明确的权利，可以使用任何上传至其服务器的照片用于任何用途，但这并不意味着它应该这么做。

幸运的是，数据治理的概念并不新鲜。一直以来，许多公司和组织都深入地考虑过，并且你现在能够用它们已经学到的东西来启动你自己公司的数据管理。世界经济论坛（The World Economic Forum）制作了许多优秀的模板和指南，艾伦人工智能研究所（Allen Institute for AI）也是这样做的。你可以直接采用这些，或者可以用它们来想出一个能对你的业务有意义的方法。

## 跨职能公司

在第七章中，我们讨论了必须组建一个多学科团队才能成功地部署一个 AI 试点项目。当 AI 扩展到整个公司的时候，同样的原则也是适用的。整个组织必须在多学科交流和协作中变得更加高效。

在最简单的情况下，这可能会设计推出类似于聊天群组的东西，以此来改善跨部门之间的沟通。一些公司可能会采用敏捷的流程和工作流程来鼓励需要的协作规划，并为部门提供一种适合外部变化的机制，就像数八公司一样。公司可能会定期召开全体员工会议，将业务优先事项进行同步并提供透明度。

每个组织的细节会有所不同，但每个公司都会比以前更需要部门协作来查出常见问题、准备和共享数据以及开发相关模型。在某些情况下，这可能需要重组组织和报告关系，在其他的情况下，期望广泛采用 AI 营销的部门，例如销售部，可能需要建立自己的科学数据团队。

## 预算与资源分配

寻找实施 AI 的解决方案预算——购买现成的产品，聘用具有所需技能的人，花费时间和资源去注释数据——也是公司寻求扩展 AI 的一些常见障碍。因为很大一部分投资必须在全公司范围内预先进行，它可能需要重新分配大量的资金和人员，而这两者在大多数情况下都已经作为预算出现在正常业务中了。决定重新分配资源以及从哪儿分配将会影响整个组织，公司需要能够理解针对这项长期投资收益的承诺。削减成本总是不受欢迎的，但是如果公司能够在对最终受益充分理解的前提下，发展出一种以 AI 为主导的态度，那么成功的可能性就会大很多。

以一家急于投资 AI 的公司为例，该公司运营了一个呼叫中心，用它来获取业务支持电话、返回请求和投诉。没有什么神奇的资金池可以通过坐等投资 AI 来改善这个呼叫中心，相反，公司不得不从年度预算中拿出钱来花在 AI 上。当然，预期投资 AI 后可以让聊天机器人转移 15% 的来电，这样可以减少呼叫处理时间。这种业务聚焦型的例子有助于提高对 AI 的投资。有一个清晰明确的成本节约做目标，项目就会有一个能明确衡量成功的指标。

## “肌肉”建设

为了扩展 AI，这些主要“肌肉”中的每一块都需要由组织发展。尽管它们同样重要，但却不需要同时建设。第一步是培训大量的人来识别 AI 用例。随着该技能在组织中的发展并且用例开始被识别，其他用例的需求优先级自然也会上升。

一些公司能够通过收购的途径来越过“肌肉”建设的过程。当澳鹏公司决定把技术作为更大的业务组成部分并以 AI 为业务主导的时候，它聘用了一名首席技术官和一个小团队，开始构建这些“肌肉”。

然而，几个月后，它遇到了一个机会，收购一家公司。

这家公司已经拥有建设 AI 的许多技能、人员和技术，可以缩短构建“肌肉”这一漫长的过程。最初被雇来建设 AI 的团队改变了重点，他们把现成的技术团队成员融入需要 AI 技术的现有业务团队中。

虽然这并不适用于每一个走上这条道路的组织，但这表明组织通过创造性思考并利用机会可以加快 AI 的建设进程。没有一刀切的做法，每个公司都是不同的，都可以用自己的方式来实现这一点。

这个过程是艰难的，它需要时间和大量的投资，改变大量的业务运营方式，重组报告结构，调整优先级，这些从来都不是容易的事，几乎肯定要调整一些曾经不可侵犯的东西。但如果有了长远的眼光和对熟悉事务的颠覆，它也可以做得很好，而且值得这么做。

以亚马逊公司和《纽约时报》为例，它们花了数年的时间才完成了这一转型。现在，它们保持了所在行业领导者的地位，随着机会和问题的出现，它们已有的基础设施和文化让它们能够在整个业务中实施新的 AI 解决方案。

当你开始推出和发展这些技能的时候，请跟踪你的进程，看看走了多远。跟踪已经投入生产实践中的模型数量、使用频率以及更新频率。综合起来，这些会给你的进程提供一个粗略的概念。

如果一个生产实践中的模型每秒被使用数百次，但它从来没有被更新过，那么就会有很大的风险，围绕这个模型和数据源的数据治理可能需要进行管理。在《纽约时报》的例子中，如果它部署了内容审核系统，但从来没有人写过任何一条评论，那么这个模型就不会被大量使用，因此可能它不是那么重要。模型的绝对数量因公司和用例的不同而不同，但如果积极使用、维护且成熟模型的数量在上升，那么你大约就处在正确的轨道上了。

即使已经创建好模型，并且使用和维护了它，任务也还没有结束。业务、客户、产品以及数据肯定会发生改变。如果没有一个连贯的数据策略允许你的 AI 随着时间的推移而适应，那么你就无法构建出世界级别的 AI。

第九章

# AI发育成熟

> 在成长型思维模式中，挑战是令人兴奋的，而不是威胁。所以你不会去想，“噢，我要暴露我的弱点了”，你会说，“噢，这是一个成长的机会。”
>
> **——卡罗尔 · S. 德韦克**
>
> （Carol S.Dweck，心理学家）

2017年，谷歌发现它遭到了抨击。油管的儿童过滤器是为了阻止对儿童不恰当的内容出现，但家长们发现它未能识别和屏蔽那些两性视频中有关儿童角色的内容。当广告公司得知它们的广告与含有对儿童剥削性评论、仇恨言论和极端主义的视频一起在油管播放时，它们就撤下了广告。

为了处理这个问题，谷歌聘用了成千上万的内容审核员，将它的视频审查人员扩大到了一万多人。但即使有了这么大规模的流水线配置，也需要通过机器学习系统来取得更快的进展。油管使用机器学习系统来尽可能多地识别存在问题的内容，然后聘用人工审核员直接删除内容，并且识别出可以用来改进机器学习应用的训练数据。

谷歌的机器学习模型将人类调节的速度、准确性和规模提高了 5 倍。截止到 2018 年第二季度，已经有 1000 万个视频被审核员删除，其中 75% 的视频是在没有观看的情况下被删除的。今天，98% 的极端主义视频会被算法标记，70% 的极端主义内容在上传 8 小时内就会被删除。

从商业角度上很难在露骨还是不露骨的内容之间划清界限，这在一定程度上是因为内容在不断变化，因此标准必须不断地被审核、监测和更新。此外，模型也并不完美。由于这一问题的规模性，这意味着每天得聘用一万人来手工审核内容。

如果你没有谨慎地预先构建一个连贯完善的数据策略，那么事情就可能会变得非常糟糕，那些有价值的数据最终不会如你期望的那样给予回报。你可以从 5 个方面进行积极准备，用来确保数据得到正确的处理：质量、完整性、安全性、治理以及漂移。

## 质量

几年前，我与一家全球时尚零售商合作，进行数据注释工作，以此来支持一个提升购物体验的商业目标。具体的目标是为消费者提供与选定类别相关的产品，例如，当一个消费者去网站选择“运动夹克”时，零售商想给你看一堆的夹克供你选择。为了实现这一点，他们通过大量拍摄自己库存中的商品并且手工注释它们来创建训练数据，并决定每张照片上的东西是否可以被认定为“运动夹克”。

当我查看数据时，我发现许多与“运动夹克”标签关联的照片是模棱两可的。我不是时尚方面的专家，但是我认为我明白“运动夹克”是什么样的。一些被赋予了标签的图像在我看来应该是风衣，其中还有一件是毛衣质地的夹克外套，就我个人而言，我会把它标记成毛衣。那么应该在哪儿划界限呢？这是零售商需要明确并能举例支持的。到底什么样的衣服会被贴上“运动夹克”的标签？

制定关于如何给一段数据打标签的具体指导方针是很重要的。即使你认为这是一个简单的数据集，就像运动夹克的照片，也会有细微的差别。如果你的注释过于模棱两可或者应用不一致，那么你的模型将无法实现预期的业务成果。

如果没有对注释过程进行良好的监督以保证给出精准的、相关的、具体的训练数据，那么你的结果就会受影响。当客户搜索“运动夹克”时，你的模型可能把不是运动夹克的东西放到了最上面，因为你把模型训练成了把任何东西都当作运动夹克。你的客户体验会很差，转化率也会下降，那么你的项目就失败了。

这并不意味着你的数据不应该包含任何一语多意的情况。注释的适当灵活性通常可以产生更好的结果。我对毛衣夹克外套的直接印象就是它是一件毛衣，但这并不意味着大多数客户也是这么想的，可能有些人在查找“运动夹克”的时候就是在找这样的款式。

在我与一家大型语音助理公司合作的项目中，我们对简单陈述的意图进行了分类。短语“今天天气怎么样”，我们会把它归类为与“天气”类别相关的一个问话。一共大概有五十个类别：数学、音乐、商业、美容，等等。

其中一个例子是这样一句话“丽莎的美容店在哪儿”，我立刻就认为，这应该放在“商业”类别里，这个人是在找一家商店。然而，团队中的其他人却坚持认为合适的类别是“美容”。对我来说这毫无意义，如果一个与语音助理互动的人想要“丽莎的美容店”的信息却得到了美容技巧和建议，他们会感觉很糟糕，这对系统来说就是用户体验很差。那一刻，我是房间里唯一的女性技术员，我的声音在帮助团队建立一个没有明显性别偏见编码的系统方面是极其重要的。

最佳做法是允许通过以上两种方式对短语进行分类。这两种意见都不一定是错的，而且选择一种而不是另一种就可能会把人类的偏见编码到系统中。这就是为什么不能依赖小的、孤立的小组来进行数据标记和注释。高质量数据注释来自大而多样的团队成员，因为多样性能够帮助防止偏见和发现边缘情况。

注释过程中的灵活性也是至关重要的。使用一个灵活的注释流程，极端或者模棱两可的情况都会浮出水面并在业务层面被处理掉。不过，你的指导方针需要具有一定的灵活性但也不能太灵活，因为太灵活的话，会导致你的注释失去意义。确保做注释的人有一些不同的意见来表示模型所必需的细微差别。同时，让他们了解数据会被如何使用，以便他们能够针对期望的业务结果进行注释。

当业务人员不能明确“高质量”对特定用例的实际含义时，数据质量问题便经常会发生。在项目开始的时候，你需要从深入理解应用程序目标和用例开始。从这里开始，反向定义在该环境中被认为是高质量数据所必需的特定标准。

这大约意味着你得亲自审查一百或一千个特定用例，以捕获应用程序要支持的所有业务目标。你必须一个接一个地看完所有的例子，并让业务部门签署针对每个用例做出的适当决定。它可能看起来很琐碎、很乏味，但我向你保证，你花这些时间是绝对必要且有价值的。

第一组需求可能会由产品经理来设定，但最终，这一进程应涉及广泛的利益相关方。产品经理们的最初决定应该由一个跨职能部门小组进行审核，包括数据科学家、设计师和其他业务利益相关的人员或者高管们。

最后，你会有一份文件，描述你将要构建什么、计划控制什么以及不需要计划控制什么。根据问题的不同，它可以简短到用几句话来描述一些基本的决策，而现实世界中大多数的问题都需要更多的细节。

根据用例的不同，这些决策的详细程度也可能会不同。当家庭安全系统识别入侵者的时候，计算机视觉识别决策必须非常清晰且详细，但如果应用程序只是识别有人类在其中的社交媒体照片，那么它的决策就可能会更加宽松。

无论多少人负责构建了你的应用程序，一旦你记录了这些决策，就要大规模地使用它们。因为即使是最详细的说明都可能会被误解，你会发现训练你的注释器是非常有益的。在开始收集数据集之前，让注释器练习一些特定的用例，强调它们会遇到的潜在的一些歧义，为它们提供解释记录在案的决策所需要的业务环境。

## 完整性

2018 年，一辆自动驾驶的特斯拉“模型 3”型汽车撞上了一辆横在高速公路上的半挂车，特斯拉汽车的车顶被削掉，事故导致了司机当场死亡。分析显示，特斯拉的自动驾驶系统没有刹车，也没有在事故发生前向司机发出警告。为什么没有呢？

答案很简单：自动驾驶仪没有被教会识别在高速公路上停放的卡车，因为这样的场景少之又少，以至于自动驾驶仪被训练的数据不够丰富多样，也不够完整，从而无法成功涵盖这个场景。这一情况太不寻常了，人类司机会停下来并伸长脖子看个究竟。特斯拉一定有数百万辆汽车突然变道或短暂停车的例子，但是一个横在路中间的卡车发生的概率恐怕一年就一两次，而且即使它出现了，特斯拉也不可能每次都在那里收集数据。它的数据不包括这个异常值，因为它的模型是不完整的，这在某种程度上造成了毁灭性的后果。一般来说，机器学习系统在遇到异常与特殊情况时会不知道如何处理。一个设计良好的 AI 系统有一个不依赖于机器学习系统的后备选项来处理异常情况。

即便对于更为常见的情况，也很难实现数据的完整性。例如，车祸在夜间和恶劣的天气中发生的频率更高，所以，一个自动驾驶系统自然应该被训练识别这些情况下的危险场景。不过确切地说，因为在这种情况下更危险，所以人们开车的频率也较低，这意味着可以用于训练的数据要少得多。

当然，这个问题不仅仅只是出现在自动驾驶汽车上。比方说，信用卡公司，它们通常很难收集到足够的欺诈性交易例子用于训练一个可靠的模型。绝大部分的交易都不是欺诈性的，而那些有欺诈性的交易则会有很多不同的变化形式。对于这些公司来说，实现完整性是一个非常巨大的挑战。

为了在训练数据上能够更加接近完整性，特斯拉和像它那样的公司现在直接关注了那些边缘情况，通常会通过模拟器来创建异常情况并生成数据。这种方法并不完美，因为这意味着它们必须在异常情况发生前就做好预测，但它确实能够帮助填补可能会导致严重后果的数据漏洞。

当你创建初始规范文档并详细说明你所使用的策略和决策时，你还需要包括模型支持的所有预期的边缘情况。即使你不打算覆盖一个已知的边缘用例，也要把它记录下来。因为如果没有关于这些决策的明确文件的话，那么将很难确保你的数据是完整的。

## 安全性

一家受欢迎的在线眼镜零售商需要用一种方法来与传统的实体店竞争。在实体店内，客户在确定购买之前，会试戴很多副眼镜，照照镜子，并检查在不同的光线下戴上眼镜的样子。这家在线眼镜零售商面临的主要挑战之一，是克服顾客们不愿意购买无法试戴的眼镜的心理。

为了克服这种不情愿的心理，该公司正在开发一种丰富的、增强现实感的手机应用程序，可以让客户使用手机上的摄像头，虚拟试戴眼镜。为了实现这一点，该公司需要注释一个庞大的人脸数据集，识别人脸上的不同点以及眼镜戴在上面是怎样的。

当该公司开始这个项目的时候，安全性是一个巨大的问题。该公司正在注释的数据一旦泄露，就会让竞争对手发现蛛丝马迹，从而损害自身的业务。该公司试图通过解决一个难题来创造一些新的东西，但如果数据被窃取的话，该公司的竞争对手也可以开展同样的项目，那么该公司在市场上短时间内的竞争优势将会消失。

数据泄密还会引起隐私问题。就如我们前面提到的那样，哪怕公司已经免受法律责任的追究，敏感数据的泄露仍然可能会导致信任问题。你可能已经明确承认作为会员协议的一部分，脸书有权重新分发你上传的图像，但如果你和你的朋友的脸没有经过你的同意就出现在广告牌上，那么脸书就会面临重大的公关问题了。当涉及数据隐私的时候，有一个很好的经验法则：你可以这么做，并不意味着你应该这么做。

记录你需要遵守的规则、行业标准以及对你使用数据的限制是很重要的事。预先了解不遵守这些的话，以后可能会发生的风险——例如，你可能想要忽略一个法律上非必要的行业标准，但这可能意味着限制你进入市场的能力。你需要提前勾勒出这些轮廓，以便制订一个实现最终目标的计划。

## 治理

正如我们前面提到的那样，数据是新的知识产权。这是你公司非常重要的资产，它的使用必须得到相应的管理。否则的话，数据的不一致或者误用将会导致问题发生。

有效实施治理的公司会制定内部政策控制数据的收集、转换以及使用，确保数据是值得信赖的，并且保证数据的使用方式也是明确的。

你的数据的整个保管链必须记录在案，从数据集的内容到收集数据的方式，再到过程中每一步应用的转换。如果没有这些文档，依赖此数据构建的模型就可能不会察觉到数据被操纵了。该模型的结果可能最终是不一致的或是完全错误的。

2011 年，杰瑞米·沃华德（Jeremy Howard）赢得了数据科学平台的竞赛，他为墨尔本大学创建了一个能够预测成功申请经费的模型。为了构建他的解决方案，他使用了随机算法来识别数据中哪些字段对批准经费的贡献最大。但不幸的是，杰瑞米不知道数据已经有些偏离了它的原始状态：在原始文件中留空的字段被标记为空白值而不是直接被忽略。结果，他发现对于经费批准贡献最大的字段是空白值。根据规则，他赢得了比赛，但因为这个模型与实际拨款流程没有关系，所以该解决方案对墨尔本大学来说也没有任何用处。数据已经被“清理”了，这是一个有益的行为，但因为杰瑞米不知道这是怎么回事，所以他得出了一个结论，建立了一个毫无用处的模型。

管理和记录监管链对安全也是至关重要的。它在每一个阶段都应该非常明确谁可以阅读、谁能够修改数据。除了防止泄露，政策的合规性也是很重要的。

2019 年，英国航空公司（British Airways）因为泄露了大约 50 万份的客户个人信息的数据而被罚款 1.83 亿英镑。新的《通用数据保护条例》规则允许一家公司被罚的最高金额为其全球收入的 4%。因为英国航空公司的数据管理不足暴露了其对安全管理的松懈以及公司的不负责任，它为此付出了巨大的代价。

你需要根据你的公司规模、AI 的成熟度水平以及数据全流程的复杂程度，来合理地制订你的治理方案。治理可以是庞大而复杂的，也可以是小而简单的。

无论你的公司规模大小，成功治理的框架都取决于执行团队对政策的支持。较小的公司可能会将这一角色分配给首席技术官或者首席产品官。不管是谁，那个人都需要得到公司执行团队每个人的支持。把良好的治理心态作为公司文化的一部分是很重要的，因为每个员工都有责任去实施它。

大公司需要建立专门的数据治理团队，团队可以跟踪和加强数据质量和归档。高效的治理会跨越整个公司，需要在每个团队中协调。如果在一家大公司里，让每个部门都指派一个人兼职这项工作的话，工作量就太大了。

小一些的公司可能负担不起一个专门的团队，那么可以设置一些基本原则来实施轻量化的管理过程。它们可以在全公司范围内努力培养在正常业务过程中关注数据质量和安全的意识。

不要害怕从小做起，有总比没有强。即使没有自上而下的、全面的、广泛的投资和战略，公司也可以通过个人贡献和努力去增强治理。如果这就是你所在公司的情况，和你的经理谈谈，并找到能在这个问题上取得进展的方法。即使像小到写下你用来训练一个模型的数据这样的事情，也会改善公司的处境。

## 漂移

2016 年 4 月，脸书推出一项名为“脸书直播”的新功能。用户可以自行录制和直播。脸书对这项功能的使用没有任何明确的目标，它认为这会是一个除了正常的视频上传功能外的附加“炫酷”功能，而它也会看到什么人在使用它。考虑到这一点，它部署了适用于非实时直播视频上传的审核过滤器。

令人不安的是，2019 年，一名男子在新西兰克莱斯特彻奇的一座清真寺内利用这一功能直播屠杀了几十个人。在这一恐怖的场景播出了 17 分钟后，脸书才被通知了这一情况，随即切断了该名男子的直播。脸书的视频内容审核过滤器没有捕捉到它，因为脸书没有预料到这种可怕的视频会被展示出来。其过去用来训练内容的审核过滤器和模型的数据已经发生了漂移，不再能准确地反映系统输入的信息。世界上出现了一些新的事物，那些事物与以前的视觉组织方式有了实质性的不同（图 9–1）。

在 2016 年美国总统选举之前，“trump”一词在英语中有一个特别的意思：击败竞争对手，在某项比赛中名列第一。但是随着 2016 年美国选举季的开展，它作为共和党总统候选人（Trump，特朗普）和最终当选人的名字，就开始变得非常常见了。所有用于对新闻和社交媒体数据进行分类的情感、意图与自然语言处理模型都匆忙地进行了重新训练，因为这个单词的口语用法突然发生了戏剧性的改变。

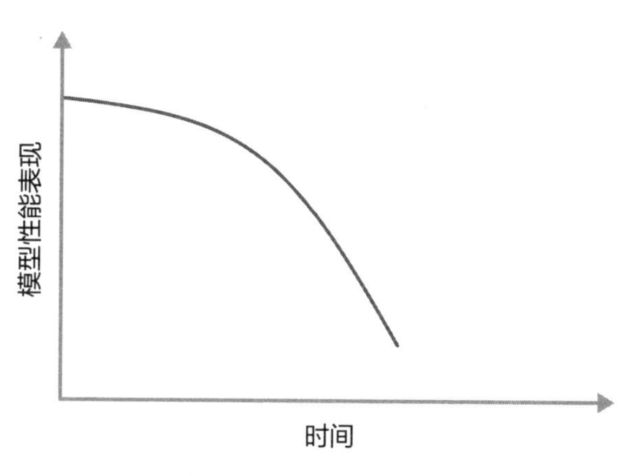


图 9–1　在 AI 模型中常出现的“模型漂移”

为了应对数据漂移，每个月至少更新一次模型是个好办法（如果模型不能更新更多的话，那就基于你的用例。有些模型甚至需要每天更新）。由于规模的关系，漂移经常会发生，随着模型使用范围的扩大，有可能存在输入数据集自然偏离原始训练数据的情况（图 9–2）。漂移也可能是由重大事件而触发的，比如 2016 年的美国总统选举。

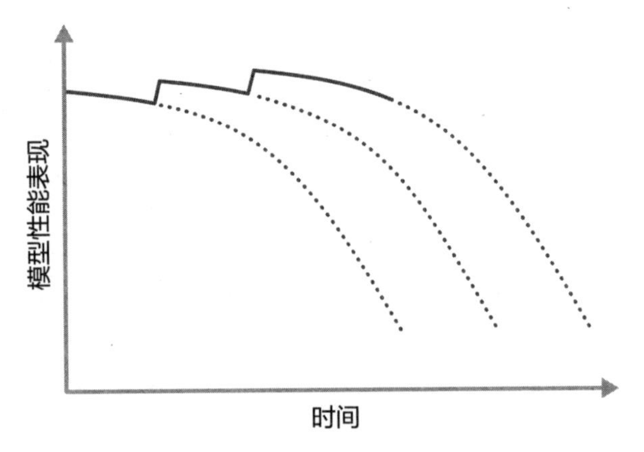


图 9–2　更新训练数据能保证优化模型表现

即使有良好的数据治理，数据漂移的速度也会比正常情况下的更新速度要更快。更常见的情况是数据治理的应用并不一致。许多模型是在没有落实一个负责任的定期更新与再培训的计划下，就被投入生产实践中去了。

时间流逝了，变化发生了，这很正常。因此，适当地考虑迭代和学习的过程是应该的。就像人类随着时间的推移学会根据经验做出更好的决定一样，你的模型也应该随着新的或者不断变化的信息而提升改进，让它变得持续可用。

每个 IT 部门都会监控其权限范围内的基础结构的性能和软件，但许多公司忽略了对上线后 AI 产品性能表现的监控。因为正如我们所看到的，数据和模型可能会发生漂移，所以建立一个团队和流程来持续监视模型的性能是必不可少的。

监控漂移的所有权必须存在于多个层面以上，这是监控业务所有层面漂移的最佳方法。数据科学家可以监控模型的一些技术层面，业务相关人员可以监控更高级别的业务表现。重要的是，在你的初始战略中，需要建立定期的模型性能审计。

通过设计，你的决策标准应该学会适应新概念的引入。最重要的是，要以事情会发生变化和倒退为前提。只有这样做，你才能够拥有适应这种变化的灵活性和能力。

无论如何，这些问题都很难解决。油管有庞大的预算和很好的技术，但仍然计划通过把人类纳入持续的反馈循环中来进行改变。它需要迭代和坚持，只要你在一开始就尽你所能地制定出一个负责任的、适应性强的数据策略，那么你就能很好地应对不可避免地出现在你面前的变化。

# 第十章

# 构建还是购买

> 人工智能、深度学习、机器学习——随便哪一样，如果你不理解它，那就去学会它。否则的话，三年之内你就会变成恐龙。
>
> **——马克·库班**
>
> （Mark Cuban）

将 AI 引入你的组织时，一个很大的问题是，你是打算在内部构建模型，还是从一个第三方供应商那儿购买组件后再把它整合到你的业务中去（图 10–1）。建立一个 AI 系统的团队需要你的组织内部团队提供以下信息：

- 获取训练数据；
- 标记训练数据；
- 训练模型；
- 脱机验证模型；
- 部署模型到生产实践中；
- A/B 测试模型性能（可选）；

- 监控生产实践中的模型；
- 定期刷新模型（可选）。

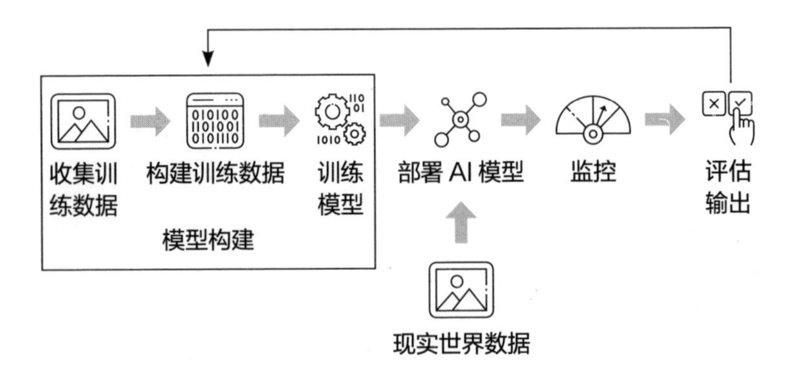


图 10-1　模型优化和更新

如果你的团队需要构建一个成功的 AI 系统，有几个必要的技术组件。这些技术组件包括如下几项。

- 数据收集和注释平台：这是一个用于收集和标记训练数据的平台，用以保存和管理所有的训练数据。
- 训练数据管理平台：这是用来保存和管理所有训练数据的平台。训练数据可以从第三方供应商处获取（例如，由第三方供应商收集的图像数据），或者是来自内部数据（例如，来自数据库里的交易数据）。这要么是公司内部数据仓的一部分，要么就是与数据库紧密相连。

- 机器学习训练平台：这是用来训练和调试机器学习模型的平台。它可以有像 TensorFlow 或是 Pytorch 这样的工具或框架，也可以连接到一个训练数据管理平台，这些平台会把数据导入到那些工具中去调试模型，并在脱机情况下验证模型的性能。
- 机器学习推理平台：这是机器学习模型被部署和用于预测的平台。它可以是生产环境，其他应用程序通过实时应用程序编程接口调用与它进行交互，或者是操作人员非实时批量处理作业的环境。
- 特征储存：这是机器学习模型取得实时特征数据并进行模型预测的地方。
- MLOps 系统：开发团队用来部署模型、更新模型并监视模型性能表现的系统。

你的组织可能更适合购买和整合 AI 部件。如果是这样，重要的是不要低估所有部件，因为你需要在机器学习方面取得成功。你也不能只买现成的完整解决方案，因为没有一站式商店可以提供给你所需要的完整系统。你的公司不得不投资于一些部件来支持一个 AI 解决方案，但你投入的工作将包括仔细制定购买什么产品的策略。

这个策略的第一步应该是考虑你提供给客户的核心价值。当他们选择和你交易而不是和你的竞争对手交易的时候，他们看中的是你提供的什么价值或是奖励？为什么他们不自己做你做的事？

组织的核心价值观应该贯穿于每一个下游项目中。这些价值观将有助于指导组织在技术评估中决定哪些是核心、哪些不是核心。如果某件事能给你带来竞争优势，那么你可能想要在内部建立它；另外，如果你的重点是在短期内为你的客户服务，那么购买它就更有意义。即便你的竞争对手也要购买同样的产品，你仍然可以通过保持数据的质量和价值来降低风险。

就拿先前毛衣夹克的例子来说。当时尚零售店开始实施用 AI 解决方案来为客户提供更高价值时，从头开始创建技术基础设施就是浪费了该零售店的时间和金钱。这与该零售店的核心竞争力——时尚，毫无关系。这不会给该零售店带来相对于竞争对手的优势，也不会提升该零售店的品牌价值，所以它最好还是购买现成的解决方案。

苹果品牌的一个主要优势就是安全性。一些人购买一台苹果手机而不是安卓手机，是因为苹果品牌在安全性和隐私性上有相当好的口碑。苹果手机上的照片应用程序使用面部识别系统来识别照片中的人并相应地进行组织。当这个功能出错的时候，例如把一个女人识别成了她的姐妹或母亲，就只会带来一个有趣的不便，而不会造成真正的伤害。这很容易理解，机器学习算法会在照片中的姐妹之间产生混淆。然而，当苹果推出了面容专属码（Face ID）作为解锁手机的一个功能后，许多用户对此感到失望，因为他们发现自己的手机能够用兄弟姐妹的脸来解锁。尽管这项功能使用的技术与照片应用程序类似，但仍然会让用户感到沮丧与不安。这对苹果品牌的安全性来说是一次重大打击。

没有公共信息显示苹果公司是否开发和购买了现成的技术来支持这些功能，也许它可能已经决定购买人脸识别系统模型的照片功能，因为对支持面容专属码模式进行更大程度的控制符合它的最佳利益。这一功能正在日益变得更加敏感，也直接与苹果的品牌相关。

有许多原因可以驱使一家公司购买一个现成的组件，因为这确实影响到了它的核心业务。通常，如果一家公司看到或是预计到竞争对手也要那么做，那么它就会想要走捷径来缩短产品上市时间。

在其他一些情况下，组建一个团队从头开始创建基础设施会极其昂贵。当雅虎公司（Yahoo）在做一个类似的决定时，它担心能不能聘用足够多的人才来研究开发它的核心搜索功能。面对短期内保持竞争力的压力，它选择停止将搜索业务作为其核心业务。当然，历史已经证明了，雅虎输给了谷歌。

当你开始决定创建或者购买 AI 的时候，你需要首先理解你的问题以及解决它带来的战略价值。构建和购买 AI 都需要投资，所以，你还需要了解在你提交解决方案为公司提供价值的背景下，你有多少预算。

在你的决定中要考虑自己的角色、时间和紧迫性。缩短投入市场的时间可能是一个优先事项。无论是构建还是购买，两种选择都需要有相关联的时间表，你购买和部署一个组件的时间可能只有构建一个组件所花时间的一半。

你还必须检查特定解决方案的质量。如果你买的是一个现成的组件，那么你当然要评估它的质量。即使考虑到其他因素，你倾向于在内部构建一个组件，但如果你没有足够复杂的技术、资源或者专业知识保质保量地构建它，那么这种选择大约也是不可能的。

你可能会认为购买第三方产品并将其深度整合入你的业务会引发安全风险，但是除非你的内部有特别丰富的安全专业知识，否则你在构建不安全的功能时也可能会很轻易地引入这些风险。

苹果公司可以投入大量资源来构建世界上最好的人脸识别安全系统，但那会过多分散其打造核心产品业务的精力吗？

所有这些考虑因素都将在最终的决策中发挥作用。不过不要担心，建造或者购买 AI 系统并不意味着其余部分也要采用同样的方案。你可以自行构建你的 AI 解决方案的一部分，同时购买其他组件。要实现最终的成功，你需要设置许多主要的基础设施，它们可以以任何方式进行整合，用来支持你的竞争重点。

当然，构建基础设施的第一个部分是你的数据、数据管道以及数据仓库。正如我们前几章讨论的那样，你需要将很多数据导入你的模型，确定一种清理、移动、整理、储存数据的方法。除非你有极其具体的需求，否则会有很多开源和商业产品都可以处理数据转移的机制。

你还需要能够注释所有数据的基础结构，并将它整合到你的数据管道中。在某些情况下，你提供的注释将是允许你的模型提供业务价值的关键差异化因素，这可能会说服你自己来构建此基础设施来保护你的知识产权。但是有很多公司，比如澳鹏，已经有现成的安全解决方案来保护你的数据，并且还能帮助你最有效地完成注释数据的流程。

接下来，你需要一个平台来协调训练、测试和托管你的模型。所有的主要云平台——亚马逊、谷歌、微软都提供可以自动训练、测试、调节和部署模型的机器学习平台。此外还有完整生命周期开源的解决方案，比如 Kubeflow 以及单点解决方案可以集成到一起，也可以与你构建的组件进行集成。当然，还有像数据积木公司这样的商业供货商，可以帮你构建更加复杂的订制解决方案。

你必须深入思考，是构建还是购买这些基础设施的每一部分，但如果你事先考虑你的核心价值，并理解你正在解决的问题的价值，那么你就能发现正确的解决方案。在其他条件相同的情况下，你应该尝试构建与你公司的核心业务至关重要的组件，其余组件则可以选择购买。

# 结论

“实现完美的世界不是你的责任，但是你也不能就此放任它发展。”——拉比·塔尔丰（Rabbi Tarfon）在书中写道。要把 AI 从概念转化为实际应用，你需要定义一个全面的 AI 战略，建立正确的组织，选择正确的试点问题，明智地扩大生产实践。既然你已经读过了这本书，那么你就拥有了实现这一目标所需要的一切。

如果你把我们在这本书中描述的技巧和建议都付诸实践，你的试点项目就会更有可能进入生产实践中来解决真实的业务问题，并向你组织中的其他人展示 AI 能做什么。同时，你将会在健全组织和基础设施方面迈出巨大的一步，这是实现 AI 长期成功所必需的。

复杂、考虑周到的数据管理对你的 AI 集成的成功至关重要。你必须确保你使用的数据是正确的，这些数据都是经过精心策划和组织的，用来满足你具体业务的需求。你必须对数据的来源和应用负责任。你还必须充分考虑这些数据，以免不必要的偏见渗透到你的系统中。

你现在明白了确保持续获取高质量的训练数据是多么重要。

此前很多人都相信 AI 最难的部分是构建模型，但只有当他们把模型部署到生产实践中，看到自己的模型性能表现下降后，才明白自己大错特错了，他们的模型必须要随着周围世界的变化而进行持续不断的后续训练。而你知道该如何避免类似的陷阱。

哪怕你没有技术背景，我们也希望你已经获得了直接参与构建你解决方案的信心。作为一名业务人员，你的参与对你组织的成功绝对是至关重要的。AI 项目经常会失败，但是如果你实施了最佳实践，那么你将能够测试和部署一个适用于你公司的业务、用户和整个社会的 AI 系统。

我们还希望在伴随你努力的同时你还要有道德高度上的考量。机器学习是一种非常强大的技术，也非常容易被不负责任地使用。在玩火之前，你必须学会如何处理它，这样它就不会导致弊大于利的结果。

无论你如何部署机器学习模型，你都在大规模地部署偏见。根据定义，你把偏见和决策编码成一个代表人类做出决定的庞大而奇特的引擎。当你参与这个引擎创建的时候，你有道德义务负责任地创建它。既然你已经读完了这本书，你就有了能在正确的方向上开始你的道路的基础。

这一切听起来可能会令人生畏且不知所措，但人类没有理由害怕 AI。它不是魔法，更不是火箭科学。只要努力工作，再加上正确的团队合作，你就可以做到这一点，而且能做得很好。现在，撸起袖子，开始干吧！

# 术语表

|  |  |
| --- | --- |
| A/B 测试 | 一个旨在比较系统或模型的 A 和 B 两种变体的受控程度的真实实验。 |
| 算法 | 机器（尤其是计算机）为实现特定目标所遵循的一套规则。 |
| 注释 | 添加到一段数据中（例如音频、文本或图像）的说明、标签或是一些批注。 |
| 人工神经网络 | 由连续几层被称为由非线性激活函数交织而成的人工神经元简单连接的由单元组成的体系结构，这让人隐约想起动物大脑中的神经元。 |
| 边界框 | 最小的（矩形）方框包含了一组点或者一个物体，用于训练计算机视觉系统探测物体。 |

| | |
|---|---|
| **聊天机器人** | 通过对话与人类用户进行交互的计算机程序或是人工智能。 |
| **分类** | 根据既定标准在组或是类别中进行的系统排列。 |
| **聚类** | 对一组对象进行分组，使同一组（称为集群）中的对象彼此之间比它们与其他集群中的“相似性”更大的组。 |
| **计算机视觉** | 研究如何从图像或者视频中取得高水准理解的机器学习领域。 |
| **置信阈值（区间）** | 一种可能包含未知总体参数的真实值的区间估值。该区间与置信水平相关联，置信水平量化了该参数在区间中的置信水平。 |
| **贡献者** | 在数据平台上提供注释的工作人员。 |
| **非结构化数据** | 未经处理的原始数据。文本数据、图 |

像或音频是非结构化数据的完美示例，因为它们还没有被格式化或者被归集到特定的组织框架或者分类中。

---

**结构化数据** 以机器学习算法可以吸收的方式处理过的数据，如果是有监督的机器学习系统，则是有标记的数据。

---

**数据扩充** 通常把来自内部和外部渠道的新信息经过注释，添加到数据集的流程中。

---

**决策树** 一种有监督的机器学习算法，其中的数据是根据给定的参数或者标准进行迭代拆分的。

---

**深度学习系统** 基于学习数据表示的更广泛的机器学习方法，而不是特定任务的算法。深度学习系统可以是被监督的、半监督的或者无监督的。

---

**特征** 用作模型输入的变量。

| | |
|---|---|
| **假阴性** | 错误地指出不存在某一个特定条件或者属性的测试结果。 |
| **假阳性** | 错误地表明存在某一个特定条件或者属性的测试结果。 |
| **垃圾进，垃圾出** | 一种无论何时输入有缺陷的数据，都会导致错误结果，产生荒谬输出的原则，又称“垃圾”。 |
| **《通用数据保护条例》**（GDPR） | 欧盟法律中关于欧盟内部所有个人数据的保护和隐私的一项规定，旨在赋予公民和居民控制自己个人数据的权利。 |
| **推理** | 将训练好的模型应用于新的、未做标记的实例上进行预测的过程。 |
| **机器学习系统** | AI 的子领域，经常使用统计学技术来赋予计算机“学习”的能力，即在不直接编程的情况下，逐步提高数据在 |

| | |
|---|---|
| | 特定任务上的表现。 |
| **模型** | 机器学习系统在训练数据的过程中从训练数据中学习到的内容的抽象表现。 |
| **自然语言处理** | AI 领域中，研究计算机与人类语言之间的交互，尤其是如何处理和分析大量的自然用户语言数据。 |
| **神经网络** | 参见人工神经网络。 |
| **光学字符识别（OCR）** | 将打印、手写或是输入的文本图像转换成机器友好的文本格式。计算机视觉的一个子集。 |
| **优化** | 从某一组可用的备选方案中（根据某些标准）选择最佳元素。 |
| **个人识别信息** | 任何可以单独使用或与其他信息相结合以识别特定的个人。 |
| **预测** | 由输入实例提供的训练模型的推断 |

| | |
|---|---|
| | 输出。 |
| **回归** | 预测变量之间关系的一组统计过程。 |
| **强化学习** | 受人类行为启发的机器学习系统的子领域，研究代理人应该如何在给定的环境下采取行动，以最大化累积奖励的某些概念。 |
| **语音识别** | 机器学习系统和计算语言学的子领域，通过计算机识别口语，并把它翻译成文本的方法。语音识别的日常例子包括苹果的喜瑞（Siri），亚马逊的亚莉克莎（Alexa）和谷歌的霍姆（Home）。 |
| **监督式学习** | 学习将输入映射到基于示例的输出函数。 |
| TensorFlow | 一个在机器学习社区中非常受欢迎的开源库，可用于跨系列任务的数据流编程。它是一个符号数学库，也可用于机器学习应用程序，比如人工神经 |

网络。

---

| | |
|---|---|
| **测试** | 在监督式学习的背景中，使用支持数据来评估模型最终性能的流程。 |
| **测试数据** | 被数据科学家选来用作模型开发的测试阶段的可用数据子集。 |
| **无监督学习** | 机器学习系统的一个领域，包括推断出一个未被标记过数据的结构。 |

# 致谢

机器学习空间领域的一个奇妙之处在于，有如此多的人愿意与他人分享自己的专业知识、经验教训和新想法，这是一种文化。在我们各自的职业生涯中，如果没有这么多人以各种方式鼓励和指导我们、质疑我们的各种假设、引领我们，我们就无法完成这本书。谢谢卡里姆·尤瑟夫（Kareem Yusuf）、马蒂·卡根（Marty Cagan）、塔拉·莱梅（Tara Lemmey）、艾利奥特·特纳（Elliot Turner）、曼尼什·戈亚尔（Manish Goyal）、约翰·史密斯（John R. Smith）、马修·希尔（Matthew Hill）、贝思·史密斯（Beth Smith）、约翰·舒马赫（John Schumacher）、拉玛·阿克基拉朱（Rama Akkiraju）、本杰明·卡恩斯（Benjamin Kearns）、休·威廉姆斯（Hugh Williams）、安迪·埃德蒙兹（Andy Edmonds）、迈克·马西森（Mike Mathieson）、佐赫·卡鲁（Zoher Karu）、丹·费恩（Dan Fain）、大卫·哥德堡（David Goldberg）以及巴拉·梅杜丽（Bala Meduri）。

我们还要感谢许多帮助我们把这本书变成了现实的人们：乔恩·近藤（Jon Kondo）、习德·米斯特利（Sid Mistry）、泰特斯·卡皮尼（Titus Capilnean）、斯迪威·雷克斯（Stevi Rex）、梅根·麦克拉肯（Meghan McCracken）、克里斯蒂娜·戈尔登（Christina Golden）和 Scribe 出版社的整个团队，感谢他们指导了我们如何把轶事和故事写成真正的一本书。感谢卢卡斯·比瓦尔德（Lukas Biewald）、斯塔西·罗纳翰（Stacey Ronaghan）、拉库玛·拉维查德兰（Ramkumar Ravichandran）、赫尔纳·阿尔瓦雷斯（Hernan Alvarez）、克里斯·斯克里那克（Kris Skrinak）、布鲁克·威尼格（Brooke Wenig）、比·卡维罗（B.Cavello）、帕特里克·麦克德莫特（Patrick McDermott）、约恰伊·埃顿（Yochay Ettun）、艾伦·祖克夫（Aaron Zukoff）、卡勒纳·曼基（Kareena Manji）、马修·米里克（Matthew Mirick）、瓦纱丽·拉纳（Vaishali Rana）和杰-路易斯·卡莫诺（Jean-Luis Caamano）为我们出版这本书，分享了他们的智慧与故事。

献给无条件爱我们的伴侣和家人，没有你们，我们会一无所有。如果没有你们坚定的支持，我们当然也不可能有时间去写一本书——感谢你们所做的一切。